Gottfried Fließer

Christbaumkulturen

Gottfried Fließer

Christbaumkulturen

Pflanzung • Pflege • Vermarktung

Leopold Stocker Verlag
Graz – Stuttgart

Umschlaggestaltung, Layout & Repro:
Werbeagentur Rypka GmbH, 8143 Dobl/Graz, www.rypka.at
Titelbild: Gottfried Fließer, St. Stefan

Bildnachweis:
Abbildungen Innenteil: 6 Bilder: „Farbatlas der Waldschäden", Verlag Eugen Ulmer, Stuttgart; 7 Bilder: Institut für Forstentomologie, Forstpathologie und Forstschutz der Universität für Bodenkultur, Wien; 1 Bild: Kali und Salz AG, Kassel; 2 Bilder: W. Gaigg, Steyrling; 1 Bild: Christian Strobl; S. 18: Gartenbau Wilhelm; S. 37: Crusier (CC-BY-SA-3.0); alle übrigen Abbildungen wurden dem Verlag freundlicherweise vom Autor zur Verfügung gestellt.

Bibliografische Information der Deutschen Nationalbibliothek
Die Deutsche Nationalbibliothek verzeichnet diese Publikation in der Deutschen Nationalbibliografie; detaillierte bibliografische Daten sind im Internet unter http://dnb.d-nb.de abrufbar.

Hinweis: Dieses Buch wurde auf chlorfrei gebleichtem Papier gedruckt. Die zum Schutz vor Verschmutzung verwendete Einschweißfolie ist aus Polyethylen chlor- und schwefelfrei hergestellt. Diese umweltfreundliche Folie verhält sich grundwasserneutral, ist voll recyclingfähig und verbrennt in Müllverbrennungsanlagen völlig ungiftig.

Auf Wunsch senden wir Ihnen gerne kostenlos unser Verlagsverzeichnis zu:
Leopold Stocker Verlag GmbH
Hofgasse 5/Postfach 438
A-8011 Graz
Tel.: +43 (0)316/82 16 36
Fax: +43 (0)316/83 56 12
E-Mail: stocker-verlag@stocker-verlag.com
www.stocker-verlag.com

ISBN 978-3-7020-1508-4

Inhalt

Geleitworte

Der CHRISTBAUM ist ein Kulturgut, welches in den meisten österreichischen Haushalten der Mittelpunkt des Weihnachtsfestes ist.

Die Produktion des Christbaumes erfolgt seit einigen Jahrzehnten nicht mehr von Förstern im Wald, sondern größtenteils von Bauern auf Ackerland und Wiesen. Die meisten Konsumenten sind erstaunt, wenn man sie aufklärt, wie lange es dauert „vom Samen bis zum Baum", welcher zu Weihnachten das Wohnzimmer schmückt. Ein großer Teil der Bauern ist nach wie vor immer noch der Meinung, man kann eine Pflanze setzen und ein paar Jahre später einen schönen Baum verkaufen. Wenn sie dann erkennen, dass es leider nicht so ist, macht sich Ratlosigkeit breit und es wird oft zu spät Information eingeholt.

Der Autor dieses Buches versucht seit Jahrzehnten allen erfahrenen und unerfahrenen Produzenten mit Rat und Tat zur Seite zu stehen. Er gibt seine wertvollen Erfahrungen weiter, welche schon vielen Christbaumbauern sehr geholfen haben. Deshalb ist es mir ein Anliegen, mich im Namen aller dafür herzlich zu bedanken.

Raith Franz
Obmann d. NÖ Christbaumbauern und
selbst Christbaumbauer aus Leidenschaft

Der Christbaum ist ein weltweit bekanntes Symbol, das auch in unserer Zeit nichts von seiner großen Bedeutung verloren hat. Es steht über religiöse und ideelle Grenzen hinweg für Begriffe wie Tradition, Heimat und Familie.

Die Tanne ist in unseren Breiten wohl die bekannteste Christbaumart und hatte schon immer eine wichtige Bedeutung. Alte Völker schrieben der Tanne außergewöhnliche magische Kraft zu, denn sie galt als Sinnbild von Stärke und Hoffnung. Schon in vorchristlicher Zeit brachten immergrüne Zweige und Bäume Leben in die dunklen Stuben, wenn draußen alles unter der Schneedecke begraben war. Im alten Griechenland war die Tanne Artemis, der Göttin der Fruchtbarkeit und der Jagd, geweiht. Auch ihre vielfältigen Heilkräfte haben sich seit Jahrhunderten bewährt. Vor allem bei Erkältungskrankheiten, wie zum Beispiel Bronchitis, verspricht sie als wohlriechender Tee oder als Badezusatz Linderung.

Weltweit gibt es rund 50 verschiedene Tannenarten, die heimische Weißtanne kann bis zu 60 m hoch werden und gehört damit zu den größten Bäumen Mitteleuropas. Als beliebtester Christbaum in Österreich hat sich aber die aus dem Kaukasusgebiet stammende Nordmannstanne *Abies nordmanniana* durchgesetzt. Entscheidend waren ihr regelmäßiger Wuchs, die tragfähigen Äste, ihre intensive, dunkelgrüne Farbe, ihr angenehmer Geruch und die lange Nadelhaltbarkeit. Im Laufe der Zeit haben sich aber die Erwartungen an den Christbaum weiter verändert und erhöht. Das stellt die heutigen Christbaumproduzenten vor spezielle Herausforderungen und erfordert Anpassungen.

Umfassendes fachliches Wissen rund um die Produktion von Christbäumen ist unerlässlich, um eine wirtschaftliche, risikoarme, möglichst ökologische Aufzucht realisierbar zu machen und gleichzeitig den heutigen Kundenwünschen gerecht zu werden. Dazu werden in diesem Buch zahlreiche Fragen beantwortet und die wichtigsten Aspekte aus der langjährigen Erfahrung des Autors für eine erfolgreiche Christbaumzucht dargestellt.

Viel Erfolg wünscht Ing. Martina Lienhart

Gottfried Fließer

Der Autor

Ing. Gottfried Fließer wurde im Jahr 1959 in Graz geboren und ist von Kindesbeinen an intensiv mit der Natur verbunden. Er wuchs auf dem Bauernhof seiner Eltern Alois und Aloisia Fließer auf, der in den Sechzigerjahren von einem Milchwirtschaftsbetrieb in einen Betrieb mit Spezialkulturen – mit dem Schwerpunkt Beerenobstbau und Forstpflanzenproduktion – umgewandelt wurde.

Der Autor bekam schließlich eine gediegene Ausbildung im Bereich Obst- und Weinbau an der Höheren Bundeslehr- und Versuchsanstalt für Wein- und Obstbau in Klosterneuburg, die er im Jahre 1979 mit der Matura abschloss. Seither ist er zu Hause im Familienbetrieb tätig und hat die Entwicklung der Christbaumproduktion entscheidend mitgetragen. Seit 2000 ist er selbst Besitzer des Betriebes „Forstgarten Pichling" und hat viele Jahre die Geschicke der steirischen Christbaumproduzenten geleitet und geprägt. Viele Vorträge in Österreich, Deutschland und der Schweiz haben ihn zu einem der bekanntesten Fachleute auf dem Sektor Christbaum in Österreich werden lassen. Er widmet dieses Buch seinem Vater und Lehrer, der ihn dazu animiert hat, aus seinem umfangreichen Wissen ein Buch zu verfassen.

So war dies schließlich das erste Fachbuch für die Christbaumproduktion, das in Europa auf den Markt gekommen ist.

Vorwort

Beinahe alle Haushalte dekorieren ihre Wohnräume zu Weihnachten mit natürlichen Nadelgehölzen. Der künstliche Christbaum, der nach den Feiertagen wieder zusammengeklappt und weggeräumt wird, ist, im Gegensatz zu den USA, hierzulande noch verpönt, aber sicher eine große Konkurrenz in der Zukunft. Wir beobachten hier vor allem in der Zeit, in der der ausgediente Baum aus den Wohnungen geräumt wird und da und dort Nadeln auf den Teppichen der Wohnräume zu finden sind, einen massiven Einsatz der Werbeschienen für den Plastikbaum. Zu dieser Zeit ist auf allen medialen Plattformen intensive Werbung für den Plastikbaum zu beobachten.

Der Christbaum stellt das Symbol und die Krönung des Weihnachtsfestes dar. Der Verkauf der Weihnachtsbäume ist ein klassisches Saisongeschäft, das allerdings nicht leichthändig besorgt werden kann. Es ist vielmehr erforderlich, die Produktion und vor allem auch die Vermarktung von Weihnachtsbäumen professionell anzugehen. Dazu kommt, dass die Vermarktung natürlicherweise in eine Zeit fällt, die noch immer als die „stillste Zeit im Jahr" bezeichnet wird und die es für die meisten Landwirte bisher auch noch war. Für jemanden, der in diese landwirtschaftliche Produktionssparte einsteigen will, ist also ein Umdenkprozess notwendig, denn die Zeit vor Weihnachten ist sehr hektisch. Bis zum Heiligen Abend bleibt keine ruhige Minute, da ein Produkt in nur zwei Wochen vermarktet werden muss, wofür man mitunter zehn Jahre gearbeitet hat. Wenn dieser intensive Einsatz jedoch mit einem höheren Einkommen und damit einer gesteigerten Lebensqualität belohnt wird, dann ist es auch möglich, „die stillste Zeit im Jahr" einfach zu einem anderen Zeitpunkt nachzuholen. Das kann ich allen Christbaumproduzenten nur von Herzen wünschen, denn längst hat die Hektik auch in der landwirtschaftlichen Produktion

Einzug gehalten und Ruhe und Idylle mussten der Hektik und der allgemeinen Betriebsamkeit weichen.

Da ich der Meinung bin, dass die Produktion und vor allem der Vertrieb von Christbäumen in unserer krisengeschüttelten Zeit, die besonders die Landwirtschaft trifft und die ein weiteres krasses Bauernsterben befürchten lässt, unbedingt in der Hand der Bauern bleiben müssen, sollten wir diesen Markt unbedingt nutzen. Länder wie Österreich und Deutschland sind inzwischen in der Lage, sich selbst mit Bäumen zu versorgen, da die Produktion in den letzten zehn Jahren stark angestiegen ist. Der Importdruck aus dem klassischen Christbaumland Dänemark wird zwar in den nächsten Jahren wahrscheinlich wieder stark ansteigen, wir sind jedoch durchaus selbst in der Lage – bedingt durch unsere reichlichen Niederschläge, qualitativ besseres und vor allem frischeres Material auf den Markt zu bringen, als dies der Fall ist, wenn die Bäume über viele Hunderte von Kilometern durch Europa gekarrt werden.

Für eine gelungene Christbaumvermarktung sind jedoch einige Voraussetzungen notwendig: Sehr lange Produktionszeiten im Vergleich zu anderen in der Landwirtschaft gezogenen Kulturen verlangen dem Landwirt einen langen finanziellen Atem ab. Zudem bietet nur ein optimales Erscheinungsbild der Bäume, gemeinsam mit einer möglichst hohen Ausbeute, die Gewähr für einen guten Verkauf und profitable Verkaufserlöse. Um langfristig erfolgreich zu sein, ist es außerdem wichtig, über ein möglichst großes Basiswissen zu verfügen.

Unser Betrieb beschäftigt sich seit drei Jahrzehnten intensiv mit der Forstpflanzenproduktion und seit mehr als vier Jahrzehnten mit der Produktion und dem Verkauf von Christbäumen. Das Wissen, das wir mühevoll über Jahrzehnte gesammelt haben, möchte ich Ihnen mit diesem Buch, das auf Basis unserer langjährigen Erfahrungen entstanden ist, weitergeben. Viele Versuche, die vorher nirgendwo in Europa gemacht wurden, haben uns zu Vorreitern gemacht. Wir waren die Ersten in Europa, die ein Fachbuch über die Christbaumproduktion geschrieben haben. Wir waren mitunter die Ersten, die durch intensive Schnittmaßnahmen die Qualität und die Ausbeute erheblich steigern konnten. Wir waren die Ersten, die eine Arbeit vorlegten, in der wir anhand intensiver Versuche beweisen konnten, dass der Mond keinen Einfluss auf die Nadelhaltbarkeit hat. Im Rahmen dieser Versuche sind wir außerdem zu einigen interessanten Erkenntnissen darüber gekommen, warum die Nadeln mitunter halten oder auch nicht. Auch dazu gibt es im Buch mehr zu erfahren.

Während auf den Märkten neben unseren heimischen Arten, wie Rotfichte und Weißtanne, über Jahrzehnte nur Blaufichte und Nordmannstanne zu finden waren, hatten wir bereits vor 20 Jahren viele Tannenarten im Programm und haben diese auf die Eignung für die Christbaumproduktion untersucht. Viele Arten mussten wir wieder fallen lassen, da sie für unseren Bedarf einfach nicht gut genug waren. Die einen waren frostempfindlich und ergaben dadurch keine regelmäßigen Bäume, die anderen waren sehr anfällig für Pilzerkrankungen und Schädlinge, wieder andere hatten spitze Nadeln oder wiesen eine schlechte Nadelhaltbarkeit auf.

Die fetten Jahre im Christbaumgeschäft sind vorbei. Wir stehen vor großen Herausforderungen, wie einem übersättigten Markt und entsprechender Preisentwicklung. Um unter diesen Umständen bestehen zu können, sind hohe Qualität, umfangreiches Wissen und im Idealfall verkäuferisches Talent erforderlich. Dieses Buch soll Ihnen dabei der notwendige Helfer sein.

Ich wünsche Ihnen viel Freude und viele neue Erkenntnisse beim Durcharbeiten dieses Buches!

Ihr Gottfried Fließer

Vom heidnischen Brauch zum „Christbaum“

Verwandte Sitten und Bräuche rund um den grünen Baum

Aktuelle Entwicklungen

Der Baumschmuck

Die Geschichte des Weihnachts-baumes

Wenn man sich mit der Herstellung eines Produktes beschäftigt, erscheint es auch elementar, sich vorerst über dessen Geschichte zu informieren. Der heutige Christbaum als geschmückter, lichtbesteckter und in der Stube aufgerichteter Baum ist noch sehr jungen Datums. Er hat sich von der Stadt ausgehend auf das Land verbreitet und war auf vielen Bauernhöfen der Alpenländer noch vor einigen Jahrzehnten nicht gebräuchlich.

Vom heidnischen Brauch zum „Christ“baum

Viele der folgenden geschichtlichen Angaben stammen aus dem Buch „Brauchtum und Sitte in Österreich“ von Paul Kaufmann, der übrigens seine Dissertation über den Weihnachtsbaum schrieb.

Der Weihnachtsbaum geht ursprünglich auf **vorchristliches Brauchtum** zurück. Zur Feier der Wintersonnenwende wurden in den zwölf Raunächten grüne Zweige als Schutz und Zaubermittel gegen böse Geister und zur Beschwörung des Sommers aufgelegt. Der immergrüne Baum war in allen Kulturen und Religionen Wohnstätte der Götter und damit Zeichen des Lebens. Er symbolisierte Fruchtbarkeit und Wachstum.

Der Brauch, einen Christbaum aufzustellen, hatte **im Elsass** und im Schwarzwald **um 1509** seinen Ursprung. Als Geburtsort des Weihnachtsbaumes gilt Schlettstadt im Elsass. Die Verwendung des Weihnachtsbaumes nahm bald derartige Ausmaße an, dass schon 1555 eine Verordnung verkündete: „Niemant soll wynacht mayen hauen, by daruff gesetzter Strafe." Aber nicht nur im Elsass, auch in Salzburg fürchteten die Forstleute um ihren Waldbestand. Dort gab es bereits um 1525 das Verbot des Abhackens von Weihnachtsgrün, einerseits, um vor „waldnachteiliger Verhackung" zu schützen, andererseits, weil es sich dabei um einen heidnischen Brauch handelte. Die Waldordnung des Bischofs Sigismund nahm dieses Verbot 1755 ebenfalls auf.

Sehr lange fehlte dem Baum ein entscheidendes Merkmal, das ihn erst zum Christbaum erhob, nämlich die **Lichter**. **Um 1700** war es schließlich so weit. Lieselotte von der Pfalz schrieb in einem Brief: „Da richtet man Tische wie Altäre her, und darauf stellt man Buchsbäume und befestigt an jedem Zweig eine Kerze. Das sieht allerliebst aus." 1774 schilderte Goethe den Lichterbaum in seinem literarischen Werk „Leiden des jungen Werthers".

Nach **Österreich** gelangte der Lichterbaum erst Anfang des vorvorigen Jahrhunderts. Hier verbreitete er sich in den Städten als deutsche bzw. protestantische Sitte, schließlich war der Weihnachtsbaum von Martin Luther und den Reformatoren bereits im 16. Jahrhundert zum Weihnachtssymbol der Protestanten erklärt worden. Seiner „ketzerischen" Herkunft wegen war er im katholischen Österreich folglich zunächst keineswegs überall gern gesehen, vor allem nicht in den gehobenen Gesellschaftsschichten und bei der Geistlichkeit. Man versuchte ihn als heidnisch abzustempeln. Besonders in Tirol wurde die Weihnachtskrippe als wahrer Mittelpunkt der christlichen Weihnachtsfeier gegen den neuen Brauch ausgespielt.

In **Wien** findet man den Christbaum sogar in den Metternich'schen Geheimprotokollen, er wurde dort wie ein verdächtiger Eindringling mit der Bemerkung erwähnt, dass 1814 der Berliner Bankier Adam von Arnstein in seinem Haus in der Annagasse einen Christbaum aufgestellt habe. Somit dürfte dieser Baum der erste Christbaum in Wien gewesen sein. Um diesem neuen Brauch ein Entree in der Wiener Gesellschaft zu verschaffen, bedurfte es allerdings des Beispiels einer Persönlichkeit aus der Hocharistokratie. Dies geschah durch Henriette von Nassau-Weilburg, der Frau Erzherzog Carls, die zwei Jahre später – also 1816 – einen solchen Baum für ihre kleine Tochter aufstellte.

Was der Prinzessin recht war, das musste den Wienern billig sein. So hören wir 1817 von einem Christbaum beim Maler Josef Alt in der Alservorstadt und 1821 beim Burgschauspieler Heinrich Anschütz, der damit Franz Schubert in sein Haus locken wollte. Zum Erstaunen des auch aus deutschen Landen zugereisten Schauspielers traf dieser bei seinen Vorbereitungen für das Weihnachtsfest auf unerwartete Schwierigkeiten, was aus seinen Niederschriften hervorgeht, wo es heißt: „Als ich nun zur Weihnacht 1821 auch in Wien die vorbereitenden Einkäufe machen wollte, war ich nicht wenig erstaunt, auf beinahe gänzliches Unverständnis dieser lieblichen Feier zu stoßen. Es kostete mich einige Mühe, ein Tannenbäumchen aufzutreiben." Das änderte sich dann jedoch schnell. Zwischen 1830 und 1840 übernahmen Kleinbürger und Arbeiter den Brauch und bereits 1851 hieß es: „Auf dem Hof sieht es aus wie im Prater, Baum an Baum." Es handelte sich um einen Weihnachtsmarkt auf dem Platz „Am Hof", bei dem Christbäume verkauft wurden.

In den **Bundesländern** freundete man sich etwa um dieselbe Zeit mit dem Weihnachtsbaum an, aber auch hier nur in den gehobenen städtischen Bereichen. Der steirischen Landeshauptstadt Graz soll dabei der Ruhm zukommen, allen anderen voranmarschiert zu sein.

Angeblich ist in Graz bereits im Jahre 1813, dem Jahr der Völkerschlacht bei Leipzig, der erste Christbaum in hellem Licht erstrahlt, angeregt durch evangelische Beamte und Flüchtlinge aus der Napoleonzeit. In Linz war es das Haus des Freiherrn Anton von Spaun, das 1818 mit der neuen Attraktion aufwartete. In der Umgebung von Linz sollten 100 Jahre vergehen, bis man dem Spaun'schen Beispiel folgte. In Salzburg übernahm 1826 der aus Württemberg stammende Kaufmann Koch diesbezüglich die Pionierrolle, Klagenfurt folgte um 1840, ebenso Innsbruck. Hier war es der Landeshauptmann von Tirol und Vorarlberg, Clemens Graf Brandis, der in der Innsbrucker Hofburg, zur Verwunderung und Freude aller, einen Christbaum für seine Kinder aufstellte. Freunde des Grafen haben den Brauch dann nach Bozen gebracht.

Auf dem Land jedoch bzw. bei den Bauern ließ der Christbaum noch lange auf sich warten, bis er in die gute Stube Eintritt fand. In den Dörfern des Bregenzer Waldes, in den Walsertälern und im Montafon war es um die Jahrhundertwende schließlich so weit, aber in mancher Einschicht war der Christbaum sogar nach dem Zweiten Weltkrieg noch unüblich.

Nach dem Ersten Weltkrieg nahm der Christbaum in den Städten hochoffiziellen Charakter an, er wurde zum „öffentlichen Christbaum", zum Christbaum für alle. Seit 1959 ist es üblich geworden, dass die österreichischen Bundesländer alljährlich der Bundeshauptstadt einen solchen Baum zum Präsent machen, der dann vor dem Wiener Rathaus aufgestellt wird. Jedes Jahr ist ein anderes Bundesland an der Reihe. Die Landeshauptstädte wiederum lassen sich solche Bäume von den Landbezirken schenken. Aber nicht nur in Wien steht mitunter ein öffentlicher Christbaum aus der Steiermark, auch der Christbaum am Petersplatz in Rom kam im Jahr 1994 aus der Steiermark, nämlich vom Stift St. Lambrecht. Der Christbaum vor dem Münchner Rathaus stammte 1995 aus dem Bezirk Murau.

Wahrscheinlich hätte die Entwicklung noch länger gedauert oder wäre gar nicht in diesem Umfang erfolgt, wenn nicht die Medien, die besseren Verkehrsbedingungen und die beiden großen Kriege das Ihre dazu beigetragen hätten. „Der Krieg ist der Vater aller Dinge", sagt ein altes Sprichwort, und hier hat sich diese Spruchweisheit wieder einmal bewiesen, denn der Krieg ist auch zum „Vater" des Christbaums geworden. Bei den soldatischen Weihnachtsfeiern in der Kaserne und im Feld lernten die Bauernburschen den neuen Brauch kennen, und als „ Kriegserinnerung" nahmen sie ihn mit nach Hause.

Damit, möchte man meinen, wäre eine geradlinige Entwicklung abgeschlossen gewesen. Im Elsass, oder zumindest in dieser Gegend Westeuropas, war ein neuer Brauch entstanden, der in einer Zeit, in der andere Bräuche verlorengingen oder verflachten, in einem Siegeszug ohnegleichen volkstümlich wurde. Es gibt jedoch Zeugen dafür, dass es sich gar nicht um eine wirklich grundlegende Neuschöpfung handelt. Der Weihnachtsbaum hat nämlich das Kunststück zuwege gebracht, Tradition und Neuschöpfung zugleich zu sein.

Verwandte Sitten und Bräuche rund um den grünen Baum

Grüne Zweige oder Bäume gab es nämlich schon im Brauchtum grauer Vorzeit. Man nannte diese „meyen" oder „maien", wie ja auch die Beck'sche Chronik das Aufstellen des Weihnachtsbaumes das „meyen aufrichten" nennt. Auch im Jahresbrauchtum stoßen wir immer wieder auf solche „meyen", wie zum Beispiel bei den Palmbuschen, der Rute des Krampus, dem Maibaum, beim Gleichenbäumchen und Ähnlichem mehr. Dass auch unser Christbaum seine Vorfahren in dieser großen Familie der Segenszweige und Segensbäume hat, ist heute unbestritten. Er ist sozusagen ein „nobel" gewordener Vetter dieser Bräuche, der in der kalten Zeit die Möglichkeit bekommen hat, in die warme Stube zu wandern und der dort ein glänzendes Kleid angelegt hat.

Von den steirischen und Kärntner Bauern ist bekannt, dass sie ein sogenanntes **„Weihnachtsgressing"** oder „Weihnachtsgrössing" am Hof errichteten, im Gailtal auch „Barzn" genannt. Das war ein Baum, den man häufig in den Misthaufen steckte, damit er diesem besondere Kraft verleiht. Vielleicht ist es eine späte Erinnerung daran, wenn man heute noch da und dort den ausgedienten Christbaum nicht verheizt, sondern vor das Haus in den Schnee oder auf den Misthaufen setzt.

Nicht zu Weihnachten, sondern am Silvesterabend schmückte man im südlichen Burgenland den Brunnen mit einem kleinen **Nadelbaum**, an dem **weiße und rote Papierbänder** hingen, um sicherzustellen, dass es im kommenden Jahr genug Wasser gibt. In der Steiermark, in Kärnten, Niederösterreich und im Burgenland, vereinzelt auch in Vorarlberg, waren und sind noch Bäume üblich, die an der Stubendecke oder im Herrgottswinkel hängen, mitunter mit dem Wipfel nach unten. Wenn heute junge Dekorateure die Weihnachtsbäume zu Dekorationszwecken in Städten und großen Hallen verkehrt herum aufhängen, so staunt das Volk teilweise ob der tollen neuen Idee oder meint, dass sich das nicht gehört, ohne zu wissen, dass es aus altem Brauchtum übernommen wurde.

Manche Leute erinnern sich noch heute daran, dass man im Burgenland neben oder vor den hängenden Bäumen ein **Schlehdorngehänge** verwendete, auf das man Backwerk, Lebkuchen und Äpfel spießte. Das Schlehdorngehänge soll für die Ärmeren gewesen sein, die Tanne oder Fichte als Weihnachtsgrün für die Bessergestellten. Zu den hängenden Formen des Weihnachtsgrüns gehört auch der Adventkranz, eine ebenfalls ursprünglich protestantische Sitte, die erst in den 20er-Jahren des vorigen Jahrhunderts nach Österreich kam.

Hängender Christbaum (Pack, Kärnten)

Inzwischen ist er in der katholischen Kirche heimisch geworden. Vor 1938 war er vor allem in Oberösterreich üblich, aber heute ist er über das ganze Land verbreitet. Bereits die Seeleute des Nordens kannten solche mit Bändern verzierten Reisigkränze, allerdings ohne Lichter. Man hängte sie auf den Mast, wenn der Kapitän heiratete oder seine Frau in den Wehen lag. Eine Vorstellung, die den Segensbäumen und Segenszweigen durchaus entspricht.

Die Vielfalt der Formen ist verwirrend, und es gäbe noch viele Beispiele in unseren Nachbarländern, die man hier einreihen könnte. Doch trotz der Eigenarten, die hier gar nicht alle aufgezählt sind, ist der Brauch immer derselbe. Auch beim Christbaum handelt es sich um eine Überleitung und spezielle Ausgestaltung uralter Baumsitten, die aus dem Volk in „bessere Kreise" aufgestiegen sind, im Volk weiterbestanden, oft neben dem klassisch gewordenen Christbaum, und die von ihm später manchmal verdrängt oder beeinflusst wurden, wie sie zuvor sein Werden möglich gemacht haben.

Ebenso ist der Brauch, **Lichter** auf einen Baum zu stecken, nicht unbedingt etwas Neues, denn die ursprüngliche Bedeutung des Lichts oder Feuers im Volksglauben ähnelt der des grünen Zweiges, nämlich Segen zu bringen und Unheil abzuwehren. Lichter auf grünen Zweigen haben also die Wirkung nur verdoppelt. Dazu kommt noch das Glänzen und Leuchten, die Prachtentfaltung, die wir am Christbaum jährlich erleben, wenn wir am Heiligen Abend die Tür öffnen und plötzlich vor dem geschmückten und strahlenden Baum stehen. Eine Faszination, der sich keiner entziehen kann und die sicher zu seiner Verbreitung beigetragen hat.

Die Kirche hat schon sehr früh kunstvolle Nachbildungen leuchtender Bäume in ihren Kult einbezogen. Ein solcher **Baumleuchter** aus dem 12. Jahrhundert steht zum Beispiel im Stift Klosterneuburg, und im Grazer Landesmuseum befindet sich ein schmiedeeiserner Lichterbaum aus dem Jahr 1560. Er gleicht mit seinen in drei Stockwerken aufgebauten Radkreuzen den Reifenbäumen, deren Räder man mit Immergrün und Tannenzweigen umwickelte. Reifenbäume waren noch im 19. Jahrhundert im Westen des Landes üblich.

Sicher haben bei den Baumkulten mythische Vorstellungen eine Rolle gespielt. Man sah im Baum das Abbild des Kosmos, seine Wurzeln stellten die Erde dar, und die Krone mit den Blättern und Blüten bildete das gestirnte Firmament. Der Baum verkörperte kraft seines jährlich neu erwachenden Wachstums das

Schmiedeeisener Lichterbaum aus dem Jahre 1560, im Joanneum in Graz

Leben schlechthin, daher auch „Lebensbaum" oder *arbor vitae*. Man hat ihn sogar mit dem menschlichen Schicksal verknüpft, indem man für neue Erdenbürger ein Bäumchen pflanzte. Verkümmerte der Baum, so verkümmerte auch der Mensch, für den er gesetzt worden war.

Reich ist auch die Geschichte der sogenannten „heiligen" Bäume. Den Göttern Zeus und Donar war die Eiche, Wotan die Esche und Athene der Ölbaum geweiht. Der ins Mythische gesteigerte Baum wird zum Himmels- oder Weltenbaum. Das Eigentümliche an ihm ist, dass er verkehrt wächst, dass er seine Wurzeln im Himmel und die Krone abwärts gerichtet hat.

In christlicher Tradition war auch das **Kreuz Christi** ein Baum, der neue wahre Lebensbaum. Auf Messgewändern und in Stickereien des 15. und 16. Jahrhunderts finden wir dieses Motiv immer wieder. Christus hängt an einem Kreuz, das deutlich als Baum mit Stümpfen abgeschlagener Äste erkennbar ist. Biblisch ist ebenfalls die Geschichte vom Paradiesbaum. Der Christbaum stellt eine Verkörperung des Paradiesbaumes dar, an dem die Früchte des Lebens hängen, dargestellt durch Äpfel, Nüsse, Gebäck und heute – im übertragenen Sinne – durch goldene Christbaumkugeln und silbernen Christbaumschmuck.

Aktuelle Entwicklungen

O Tannenbaum, o Tannenbaum, wie zahlreich sind deine Blätter, könnte man, frei nach dem alten Lied, sagen. Und immer noch kommen neue Blätter bzw. Facetten hinzu. So wie der Baum, als Wintermai aufgestellt, vom Freien in die Stube gewandert ist, so wandert er heute wieder ins Freie. Längst hat sich nämlich die Sitte eingebürgert, den **Christbaum auf den Gräbern** der Verstorbenen **oder vor Kriegerdenkmälern** aufzustellen. Aber auch in den Vorgärten vieler Häuser, bei Tankstellen neben Autobahnen finden wir ihn, ein stimmungsvolles Bild für Autofahrer, die in der Dunkelheit der frühen Winternacht unterwegs sind. Er steht in Kaffeehäusern, Gaststätten und auf Flughäfen, leuchtet in Miniaturausgaben in den Speisewagen der Intercity-Züge, selbst die Lkw, die um diese Zeit unterwegs sind, führen in der Fahrerkabine ein beleuchtetes Bäumchen wie ein Maskottchen mit sich. Und das schon in der Adventzeit, um es dann für gewöhnlich bis zum Dreikönigstag dort zu belassen.

Auch sonst ist die Zeit am Christbaum nicht spurlos vorbeigegangen. Die Wachslichter sind den **elektrischen Glühbirnen** gewichen, die Industrie hat **Plastikbäumchen** für die Autos, aber auch zusammenschraubbare Bäume für die Wohnung entwickelt, Christbäume drehen sich wie ein Ringelspiel und aus Spieldosen im Christbaumständer erklingen Weihnachtslieder. Besonders in Amerika hat das Weihnachtsfest und im Besonderen der Weihnachtsbaum eine unglaubliche Verkitschung über sich ergehen lassen müssen.

In den letzten Jahrzehnten tauchten schließlich immer wieder, weniger von den Forstfachleuten selbst als vielmehr von sogenannten „Naturschützern", Bedenken über die Christbaumnutzung in jungen oder älteren Forstkulturen auf, und man sprach hier von Plünderung und gravierender Schädigung der Wälder sowie von der Ausrottung ganzer Baumarten. Dies hatte schließlich zwei besondere Konsequenzen zur Folge. Zum einen begann man insbesondere in Dänemark, aber auch in Deutschland, Österreich und der Schweiz sowie in Ländern des ehemaligen Ostblocks, wie Ungarn oder Tschechien, Christbäume professionell in groß-

Ein lebender Christbaum im Topf

flächigen Christbaumkulturen zu ziehen und in viele Länder Europas zu exportieren. Die ersten dänischen Tannen (zur Gänze Nordmannstannen) kamen Anfang der 1970er-Jahre nach Österreich. Zum anderen besann man sich auf die Möglichkeit, dem Christbaum eine Überlebenschance zu geben, indem der sogenannte **„lebende Christbaum"**, in Gefäße gesetzte Fichten oder Tannen, die nach dem Fest in den Vorgarten gepflanzt oder für ein weiteres Jahr im Pflanzgefäß belassen werden, propagiert wurde.

Aber ob lebend oder geschnitten, stünde der Baum am Heiligen Abend nicht in unseren Wohnzimmern und verbreitete sein warmes Licht, so würde uns ein großes Stück Kulturgeschichte fehlen. Wer hat noch nicht die Faszination erlebt, die großen Kinderaugen, die unsere Kleinen machen, wenn sie in den vom Christbaum erleuchteten Raum kommen und sehen „das Christkind war da".

Der Baumschmuck

Der Baumschmuck ist ebenfalls ein Stück Kulturgeschichte. Nach der **elsässischen Tradition** mit ihren Papierrosen und Äpfeln, dem Back- und Zuckerwerk wurde der Baum **bis ins 19. Jahrhundert** mit Zucker, Marzipan, Äpfeln, Rosinen und Feigen geschmückt. Dazu gab es eine Menge Vergoldetes: Nüsse, Äpfel, sogar Kartoffeln. Aber auch Geschenke wurden auf den Baum gehängt, Schleifen oder ausgeblasene Eier, das meiste war selbst gemacht und der Kreativität waren keine Grenzen gesetzt.

In der zweiten Hälfte des vorvorigen Jahrhunderts waren die glitzernden Bäume in Mode. **1880** kam der **Glasschmuck** auf, **1890** das **Lametta**. Der industriell hergestellte Schmuck setzte sich immer mehr durch. Der Fantasie waren auch hier keine Grenzen gesetzt. Kugeln, Sterne, Trompeten, Vögel, Geigen und vieles mehr glitzerte um die Wette, und nicht zu vergessen die silbrige Spitze obenauf, die dann mitunter durch einen Stern oder einen Engel ersetzt wurde. Eine Zeit lang wurde die ganze Pracht mit Engelhaar eingehüllt, und zur Freude der Kinder entzündete man die knisternden Sternspritzer. Großer Beliebtheit erfreuen sich besonders bei den Kindern auch heute noch verschiedenste Süßigkeiten, in Papier oder buntes Stanniol gewickelt, als Schmuck auf dem Weihnachtsbaum.

In jüngster Zeit bahnt sich allerdings eine Trendumkehr an. Immer häufiger verlangt man nach dem „echten", dem „ländlichen Baum", in meiner Heimat wird er auch der „Steirische Christbaum" genannt, mit Strohsternen und

Strohschmuck, einfachen Bändern und einfachem Behang oder diversem kunsthandwerklichen Christbaumschmuck.

Der Christbaum genießt auf der ganzen Welt ein überaus gutes Ansehen, und auch in den kleinen Dörfern Afrikas oder Ostasiens ist der „Christmastree" ein Begriff. Dies sollten wir Christbaumproduzenten uns auch zunutze machen, nicht nur um die Faszination um den Lichterbaum alljährlich neu aufleben zu lassen, sondern natürlich auch, um uns ein zusätzliches Einkommen zu ermöglichen. Wir sollten alle Anstrengungen unternehmen, um dem Christbaum auch weiterhin jenen Stellenwert zu geben, den er nach 500 Jahren Geschichte noch immer genießt.

Festlich geschmückter Weihnachtsbaum

Samenherkünfte

Saatgutvermischung und Samenidentifikation

Die Aufzucht von Pflanzmaterial

Samenherkunft und Aufzucht von Pflanzmaterial

Viele Christbaumzüchter werden sich nicht selbst mit der Aufzucht der Pflanzen, vom Samen beginnend, beschäftigen, sondern werden dies vielmehr den Forstgärten oder Spezialbaumschulen überlassen und fertiges Pflanzmaterial verwenden. Für den Fall, dass es doch jemand versuchen möchte, seine Christbäume vom Samen weg selbst zu ziehen – sei es deshalb, weil er sich dadurch besseres oder billigeres Pflanzmaterial verspricht oder weil er die Möglichkeit hat, einen interessanten Mutterbaum zu beernten, oder sei es einfach, weil er die Liebe dazu verspürt –, sollen die folgenden Kapitel eine kleine Anregung und ein Anhaltspunkt dafür sein. Sie zeigen, wie bestmögliche Bedingungen geschaffen werden, damit aus dem generativen Vermehrungsgut eine möglichst große und qualitativ hochwertige Ausbeute an Pflanzmaterial zu erzielen ist.

Samenherkünfte

Längst ist es in der Christbaumzucht nicht mehr so, dass am Markt mit unseren heimischen, natürlich im Wald vorkommenden Baumarten, wie Weißtanne, Rotfichte und der einen oder anderen Kiefernart, das Auslangen zu finden ist, auch wenn dies manche Bauern vereinzelt noch praktizieren. Eigentlich ist es so, dass diese Arten fast zur Gänze vom Markt verschwunden sind, da gerade unsere heimischen Baumarten leider jene sind, die als Erstes die Nadeln fallen lassen. Diesbezüglich ist besonders die Rotfichte zu nennen, die die Nadeln nach dem Trocknen immer zur Gänze verliert. Wenige Liebhaber fragen noch danach, zudem ist vor allem bei Fichte und Kiefer eine gewisse Nachfrage an Ballenware von den Baumschulen zu beobachten. Somit wird sie der eine oder andere Betrieb, der Baumschulen mit Ballenware versorgt, im Programm führen.

Die schlechte Nadelhaltbarkeit der heimischen Arten zählt also zu den Hauptgründen dafür, dass heute **vermehrt ausländische Tannenarten** für die Christbaumzucht in Frage kommen. Dies bedingt natürlich auch, dass Samen aus aller Herren Länder importiert werden. So kommen Samen der Nordmannstanne aus der Türkei, aus Georgien, der Nordkaukasus-Region Russlands oder aus Dänemark, Samen von Blaufichte, Engelmannsfichte, Colorado-Tanne, Riesentanne, Korktanne und Ähnlichen mehr werden aus den südlichen Rocky Mountains in den USA importiert und Samen der Korea-Tanne, der Veitchs Tanne oder der Nikko-Tanne sowie einige weitere Sorten gelangen aus dem Fernen Osten, beispielsweise aus Japan, Korea oder China, nach Mitteleuropa. Die Samen sind bei namhaften Samenanstalten in Österreich oder in Deutschland zu erstehen.

Die meisten Bäume, und somit auch die als Christbäume verwendeten Tannen- und Fichtenarten, sind **heterozygot** (das heißt, sie vererben nicht rein, da sie Fremdbestäuber sind) und haben deshalb eine beachtliche Potenz zur **genetischen Variabilität**. Das bedeutet, dass die Sämlinge sehr uneinheitlich sein können. Besonders stark sehen wir dies zum Beispiel bei der Blaufichte, die besonders in ihrer Farbe sehr stark variiert. So finden wir in der generativen Nachkommenschaft einer intensiv blauen *Picea pungens* f. *glauca* häufig einen Teil grüner Pflanzen, einen Teil blauer Pflanzen und einen Großteil, der mit seiner Farbe irgendwo dazwischen liegt. Gregor Mendel hat auch hier seine Finger im Spiel. In der generativen Nachkommenschaft einer Nordmannstanne, besonders dann, wenn ein Mutterbaum in Österreich beerntet wird, aber auch bei dänischen Herkünften, finden wir meist Pflanzen, die mit der Weißtanne mehr Ähnlichkeit haben als mit der Nordmannstanne (die Nordmannstanne kann durch die Weißtanne befruchtet werden, bis zu einer Entfernung von ca. 20 km). Es können auch Pflanzen entstehen, die zum Teil rundum benadelt sind, also einer türkischen Herkunft gleichen, sowie flach benadelte, die einer russischen Herkunft ähneln. Diese Beispiele, es könnten noch weitere angeführt werden, zeigen, dass Samenplantagen der Nordmannstanne, die in den letzten Jahren in Deutschland und Österreich angelegt wurden, als problematisch zu betrachten sind. Ein gutes Ergebnis kostet viel Arbeit und viel Zeit, mit rund 15 bis 20 Jahren ist zu rechnen.

Der tolerierbare Grad der Abweichung von gewünschten Eigenschaften ist vom späteren Verwendungszweck der gewonnenen Pflanzen abhängig. Dies spielt bei Tannenarten für die Christbaumproduktion vorwiegend dann eine

Vorbereitung zur Samenernte

Rolle, wenn sich die generative Aufspaltung in einem unregelmäßigen Wuchs äußert oder zum Beispiel in einer gesteigerten Frostempfindlichkeit und einer schlechten Nadelhaltbarkeit. Ein wichtiger Schritt zur Erhöhung der genetischen Qualität und somit einer möglichst einheitlichen Auspflanzware ist die **Verwendung eines Samens mit standortspezifischer Herkunft**, das heißt, die Standortbedingungen der Samenherkünfte stimmen weitgehend mit dem späteren Standort der Pflanzen überein. Dies richtig zu koordinieren, ist besonders schwierig und setzt jahrzehntelanges Forschen und Beobachten voraus, da das Saatgut für Christbäume meist von anderen Kontinenten stammt, wo Seehöhe, Breitengrad und Bodenbeschaffenheit anders als bei uns zu beurteilen sind.

Daneben gibt es aber auch Samenherkünfte, die allen anderen überlegen und sogar den lokal angepassten Samen vorzuziehen sind. So gibt es auch Tannenarten aus anderen Ländern, die in unserem Klimabereich besser gedeihen als zum Beispiel unsere zwar heimische, aber genetisch verarmte Weißtanne.

Herkünfte diverser *Picea*- und *Abies*-Arten zur Christbaumzucht

Lateinische Artenbezeichnung	Deutsche Artenbezeichnung	Herkunft
Picea abies	Gemeine Fichte	günstig sind Hochlagenherkünfte, 1.100 bis 1.400 m Seehöhe
Picea engelmannii	Engelmannsfichte	Santa Fé National Forest, Arizona
Picea glauca	Weißfichte	Britisch-Kolumbien, Kanada
Picea omorika	Serbische oder Omorika-Fichte	Verwendung finden bevorzugt norddeutsche Samen, da diese eine breitere Wuchsform und frosthärtere Bäume ergeben als das Originalsaatgut aus serbischen Gebieten.
Picea pungens glauca	Blaue Stechfichte, Blaufichte	Apache National Forest, Arizona Santa Fé National Forest, New Mexico auf guten Bonitäten: Kaibab National Forest, Arizona
Abies alba	Weißtanne	Hochlagenherkünfte, 900 bis 1.300 m Seehöhe
Abies amabilis	Purpurtanne	Kaskaden-Westabhang in Nordwest-Washington und Oregon Südwesten von Britisch-Kolumbien Herkünfte: SZ 741 Mt. Shasta, Höhenlage 1.800 m Seehöhe
Abies bornmuelleriana	Türkische Tanne, Bornmüllers Tanne	Bolu-Kökez, Türkei
Abies cilicica	Kilikische Tanne (auch Zilizische Tanne)	Taurusgebirge, Südosttürkei, Syrien bis Nordlibanon Höhenlagen 1.200 bis 2.100 m Seehöhe

Lateinische Artenbezeichnung	Deutsche Artenbezeichnung	Herkunft
Abies concolor (var. *glauca*)	Colorado-Tanne	Carson National Forest, Colorado auf mittleren Bonitäten: Santa Fe National Forest, New Mexico auf schlechten Bonitäten: Cibola National Forest, New Mexico
Abies grandis	Riesentanne oder Große Küstentanne	Herkünfte vom Ostabhang der Kaskadenkette aus höheren Lagen, 1.000 bis 1.200 m Seehöhe, Cle Elum 631 auf guten Bonitäten: Sears Creek, Idaho
Abies homolepis	Nikko-Tanne	Japan, Zentral-Honshu und Shikoku, Höhenlagen bis 1.800 m Seehöhe
Abies koreana	Korea-Tanne	Herkunftsangaben von Original-Saatgut aus Südkorea kaum erhältlich, daher Eigenbeerntungen aus Plantagen mit guten Formen oder Einzelbaumbeerntung
Abies lasiocarpa var. *arizonica*	Korktanne	Apache National Forest, Arizona Cibola National Forest, New Mexico
Abies lasiocarpa var. *lasiocarpa*	Felsengebirgstanne	nur auf guten Bonitäten, Kootenai National Forest, Montana San Isabel National Forest, Colorado
Abies nordmanniana	Nordmannstanne	Artvin-Savsat-Yayla, Kleiner Kaukasus, Türkei Tversted F527, Jütland, Dänemark Langesö afd. 88, Fünen, Dänemark auf mittleren Bonitäten: Borshomi, Kleiner Kaukasus, Georgien auf guten Bonitäten: Ambrolauri/Beshumi/Adigeni, Großer Kaukasus, Georgien
Abies procera	Silbertanne oder Pazifische Edeltanne	für die Christbaumzucht: Mary's Peak SZ 252, Oregon für Schmuckreisig: Frijsenborg/Overgaard, Dänemark
Abies sibirica	Sibirische Tanne	Russland (anscheinend sehr schwer zu bekommen)
Abies veitchii	Veitchs Tanne	Japan, Insel Honshu und Shikoku, Höhenlagen bis 1.800 m Seehöhe

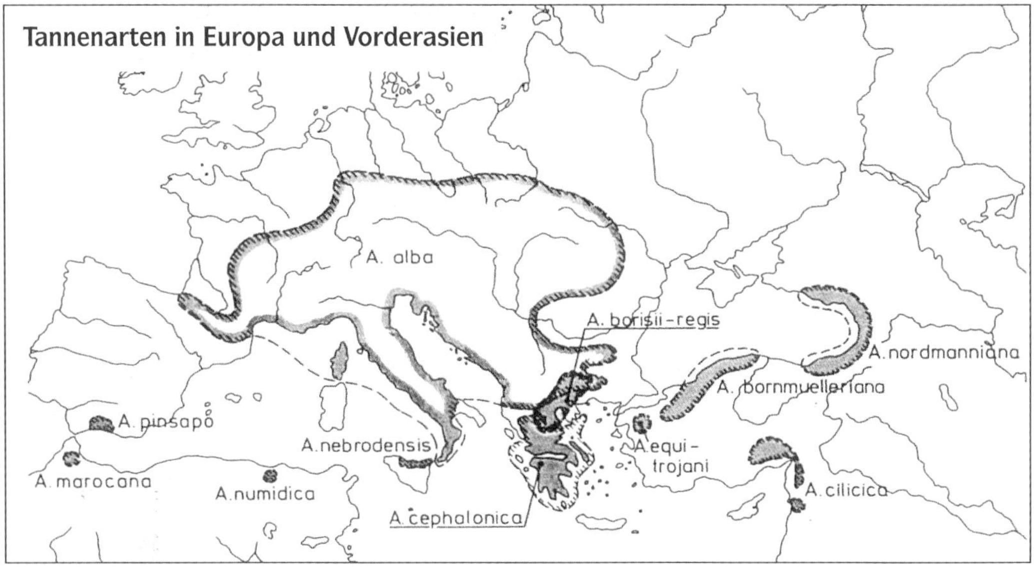

Saatgutvermischung und Samenidentifikation

Ausschlaggebend für die Einheitlichkeit und Brauchbarkeit von Pflanzen, sowohl für die Forstwirtschaft als auch für Christbaumkulturen, ist ihre Herkunft. Um sicherzugehen, dass ein verwendetes Saatgut auch tatsächlich aus jenem Gebiet kommt, das angegeben wird, wäre es wohl notwendig, in diesem Gebiet selbst zu ernten und den Samen von der Ernte bis zur fertigen Pflanze zu begleiten. Da dies in den meisten Fällen unmöglich ist, weil das Samenmaterial, das heute im Rahmen von Christbaumkulturen verwendet wird, über nahezu die gesamte Erdkugel verteilt ist, ist man meist gezwungen, auf die Aussagen des Samen- oder Pflanzenlieferanten zu vertrauen. Leider zeigt der freie Handel aber immer wieder, dass es hier erhebliche Mängel gibt und die Herkunftsgarantien von verschiedenen Lieferanten, die den Samen am freien Markt kaufen, nur sehr schwer nachprüfbar sind.

Zudem kann es mitunter beispielsweise durch unsachgemäßes Hantieren des Erntetrupps bereits in den Ursprungsländern zu Vermischungen des Samenmaterials kommen. Namhafte Samenanstalten versuchen diesem Problem Herr zu werden, bislang jedoch mit sehr mäßigem Erfolg. Daher sucht man seit Langem nach Methoden, die eine Samenidentifikation möglich machen.

Ein Verfahren, um die Samen- bzw. Pflanzenidentifikationen zu ermöglichen, ist die sogenannte Isoenzymanalyse. Bei diesem Verfahren werden in einem bestimmten Gebiet Isoenzymmuster einer bestimmten Pflanzenart angelegt, das heißt, es erfolgen chemische Aufschlüsse von Pflanzenteilen, entweder aus den Knospen oder aus den Samen, und diese werden dann mit den Isoenzymmustern der zu untersuchenden Samen, die aus diesem Gebiet stammen sollen, verglichen. Die zum Aufschließen der Moleküle verwendete Methode wird als Genelektrophorese bezeichnet. Diese Versuche sind allerdings mit einem sehr hohen finanziellen Aufwand verbunden und daher für eine Privatperson praktisch nicht finanzierbar.

Eine andere Möglichkeit, um genau definiertes Pflanzmaterial zu erlangen, ist die Schaffung von Samenplantagen. Solche Aktivitäten sind natürlich im Alleingang undenkbar, sondern bestenfalls durch eine gemeinsame Finanzierung seitens eines Christbaumzüchterverbandes bzw. seitens staatlicher Institutionen oder Organisationen möglich. Eine erste Plantage mit Nordmannstannen steht im Waldviertel in Niederösterreich, wobei hier Pflanzenteile 20- bis 30-jähriger Plusbäume aus ganz Österreich zusammengetragen wurden, von denen man aus Erfahrung wusste, dass sie auch schon in der Größe eines Christbaumes sehr schön waren. Diese Bäume wurden stehen gelassen, weil sie wegen ihrer besonderen Schönheit aufgefallen sind.

Die Aufzucht von Pflanzmaterial

Die Ernte des Saatgutes

Die Saatguternte erfolgt **bei der Tanne fast ausschließlich am Baum**. Die Zapfen müssen vor der vollständigen Reife geerntet werden, da ja bekanntlich der Zapfen der Tanne im Reifezustand in seine Bestandteile zerfällt. Die Keimfähigkeit der Samen ist durch den frühen Erntezeitpunkt jedoch nicht beeinträchtigt, da sie in diesem Stadium bereits ihre physiologische Reife erreicht haben. Ehe der Samen über den Winter gelagert wird, muss er leicht getrocknet werden. Auf die genauen Vorgänge des Klengens, Entflügelns und Aufbewahrens des Saatgutes will ich hier nicht eingehen, das würde den Rahmen dieses Kapitels sprengen. Es sei nur gesagt, dass speziell bei der Lagerung von *Abies*-Arten Temperaturen unter 0 °C günstiger sind als Plusgrade. Bei optimalen Verhältnissen können Samen ihre Keimfähigkeit 75 bis 100 Jahre behalten.

Ernte von Saatgut

Die Aussaat

Die Pflanzenproduktion beginnt mit der Vermehrung. Aus wirtschaftlichen Überlegungen wählt man – wo immer möglich – die billigere Variante, das ist bei der Produktion von Pflanzen für Christbaumkulturen ausschließlich die generative Vermehrung. Die Aussaat erfolgt **entweder im Herbst** nach der Ernte **oder im folgenden Frühjahr**, und zwar möglichst nach den in unseren Gebieten ziemlich sicher auftretenden Spätfrösten Anfang bis Mitte Mai.

Um die Keimhemmung zu brechen, besteht die Möglichkeit, das **Saatgut** zu **stratifizieren**. Darunter versteht man die Einlagerung des Samens in feuchtem Sand oder Torf bei niedrigen Temperaturen, wodurch das Saatgut vorkeimen kann.

INFO **In-vitro-Vermehrung**

Seit Jahrzehnten gibt es Bestrebungen, die Tanne über In-vitro-Vermehrung zu vervielfältigen. Das heißt, es werden Knospenteile (die Vermehrungszone) auf Nährlösungen gesetzt, wodurch neues Pflanzmaterial herangezogen werden soll. Was jedoch im Gemüsebau sehr gut funktioniert, ist bisher bei Tannen immer gescheitert. Es gibt nachweislich keine Tannen, die über diese Methode produziert wurden, auch wenn das behauptet wird. Gescheitert ist diese Methode bei den Tannen an der richtigen Nährlösung, die noch nicht gefunden wurde.

Die gleichen Probleme gibt es bei der Stecklingsvermehrung. Während die Vermehrung von Fichten unter bestimmten Voraussetzungen schon sehr gut funktioniert, sind bisher alle Versuche bei Nordmannstannen gescheitert.

WICHTIG **So keimt Saatgut ...**

1. Das Saatgut muss keimfähig sein.
2. Das Saatgut muss keimwillig sein.
3. Die äußeren Bedingungen für eine Keimung müssen gegeben sein.

Keimfähigkeit

Der Prozentsatz der keimfähigen Samen muss vor der Aussaat bekannt sein, damit die Saatgutmenge richtig berechnet werden kann. Die Keimfähigkeit lässt sich relativ schnell mithilfe des **Tetrazoliumtests** feststellen, bei dem sich die keimfähigen Samen, wenn sie mit der Tetrazoliumlösung in Verbindung kommen, rot einfärben. Für den Laien noch einfacher ist ein Schnitt durch eine Anzahl von Samen. Dadurch kann sehr schnell der ungefähre Grad der Keimfähigkeit festgestellt werden, indem man beobachtet, wie groß der **Prozentsatz jener Samen** ist, **die einen grünen Keim in sich bergen**. Bei Samen, die über Klenganstalten erworben werden, ist der Prozentsatz der Keimfähigkeit heute Teil der Lieferbedingungen und natürlich ausschlaggebend für den Preis. In Klenganstalten wird die Extraktion des Koniferensamens („Klengen") durchgeführt. Darunter ist das Öffnen des Nadelholzzapfens durch warme, trockene Luft zu verstehen; dies wird in Norddeutschland auch als Darren bezeichnet. Von den Klenganstalten wird schließlich der reine, entflügelte Samen an den Samenverkäufer oder den Baumproduzenten weitergegeben.

Keimwilligkeit

Im Gegensatz zur Bestimmung der Keimfähigkeit kann die Keimwilligkeit **nur durch einen Aussaatversuch** festgestellt werden. Keimwilligkeitsversuche sind bloß dann sinnvoll, wenn sie unmittelbar vor dem Aussaattermin durchgeführt werden. Man sät abgezählte Samenmengen in Schalen oder Töpfen in Sand aus. Manchmal genügt auch schon ein Filterpapier, das feucht gehalten wird. Bei Temperaturen zwischen 20 und 25 °C keimt das Saatgut schließlich innerhalb weniger Tage. Vor der Saat sollte das Saatgut acht bis zehn Stunden in Wasser eingeweicht werden.

Keimbedingungen

Zu den wesentlichen Keimbedingungen zählen **Wasser**, **Temperatur**, **Sauerstoff** und in einigen Fällen **Licht**. Bei der Keimung werden verschiedene Stufen unterschieden. Nach der Wasseraufnahme kommt es zum Ansteigen der Atmungsintensität und zur Zunahme der enzymatischen Aktivität. Es folgen die Mobilisierung der Reservestoffe und ihr Transport. Schließlich beginnen die Zellteilung und das Zellwachstum bis zum Beginn der Assimilation.

Das Saatbeet

Neben einer guten Keimfähigkeit ist die richtige Saatbeet-Vorbereitung der wichtigste Schlüssel zum Erfolg. Ausschlaggebend ist dabei die Zusammensetzung des Bodens. Optimal ist ein **lehmiger Sandboden mit einem hohen Humusgehalt**. Ein leichter Sandboden mit zu wenig Humus trocknet zu schnell aus und ein schwerer Boden weist eine schlechte Durchlüftung auf und neigt außerdem zur Verkrustung, was den Samen das Auflaufen erschwert.

Eine Alternative zum natürlich gewachsenen Boden im Freiland sind **Substrate** für Saatbeete, die im Handel angeboten werden. Sie erstrecken sich von verschiedenen humosen Substraten bis hin zu einem keimfreien Sand, „Perlit" genannt, der unter anderem auch als Material für das Verputzen von Häusern verwendet wird und auf dem in unserem Forstgarten alle Tannenarten bis zur Verschulung nach dem zweiten Standjahr gezogen werden.

Der Boden im Freiland muss, durch eine Fräse vorbereitet, eine **feinkrümelige Struktur** aufweisen und vor der Aussaat leicht angewalzt werden, da er nach dem Fräsen meist zu locker ist. Die Saatfläche benötigt darüber hinaus unbedingt eine Möglichkeit der Beregnung, um dem Boden nach der Aussaat eine Grundfeuchte zu geben, die für die Keimung notwendig ist, und um niederschlagsarme Perioden nach der Aussaat ausgleichen zu können.

Eine Gruppe von Samen, zu der auch der Samen von Tannenarten zählt, benötigt **Bodentemperaturen zwischen 20 und 25 °C**, um keimen zu können. Werden sie also zu früh im Frühjahr gesät, liegt der Samen lange inaktiv im Boden, wodurch sich das Auflaufergebnis erheblich verschlechtern kann.

Tannensaat auf dem Substrat „Perlit"

Vorbereitete Saatfläche

Die Saattiefe

Die Auswahl der Saattiefe ist zumeist Erfahrungssache. Dabei kommt zu tiefes Säen häufiger vor als zu seichtes.

WICHTIG **Faustregel**

Generell gilt die Regel, dass auf leichten Böden etwas tiefer gesät werden muss als auf schweren.

Die **normale Saattiefe** sollte **nicht mehr als das 1- bis 3-fache des Samendurchmessers** betragen. Koniferensamen werden zusätzlich vielfach mit einer 0,5 cm dicken Sandschicht oder mit Sägespänen abgedeckt. Durch diese Aufhellung des Bodens verhindert man eine zu starke Erwärmung der obersten Bodenschicht bei zu starker Sonneneinstrahlung.

Zudem gibt es noch verschiedenste Möglichkeiten der Abdeckung für die Saatbeete. Am wirkungsvollsten sind dabei Abdeckungen mit Strohmatten oder Schattiergewebe. Vlies kann

Mit Sägespänen und Schattiergewebe abgedeckte Koniferensaat

mitunter bei hoher Sonneneinstrahlung sehr gefährlich werden (Verbrennungen).

Die **Abdeckung mit Schattiergewebe** hat besonders bei *Abies*-Arten zwei positive Aspekte:

- Erstens stellt es einen gewissen Schutz gegen eventuell auftretende Spätfröste dar,
- zweitens sind alle *Abies*-Arten Dunkelkeimer und finden damit bessere Keimbedingungen vor als ohne Beschattung.

Das Schattiergewebe darf allerdings nicht am Boden aufliegen.

Die Samenmenge

Wenn zum Beispiel anstelle eines Saatgutes mit 95%iger Keimfähigkeit ein Saatgut mit 75%iger Keimfähigkeit verwendet wird, so genügt es nicht, um 20 % mehr Saatgut zu verwenden, die Menge muss vielmehr mindestens um 50 % erhöht werden, da bei einer viel höheren Anzahl von schwachen Keimlingen, die auf Dauer nicht lebensfähig sind, der Ausfall stark erhöht ist. Im Allgemeinen wird jedoch zu dicht gesät, was die Pflanzenqualität stark vermindern kann.

TIPP Samenmenge

Es können also nur auf Praxiswerten basierende Richtwerte für die Aussaatmenge gegeben werden. Bei Tannen wären dies – bei einer Keimfähigkeit von 60 % – 100–200 g/m², was bei 20.000 Samen/kg eine Ausbeute von 5.000 Sämlingen bedeutet.

Die Pflege der Jungpflanzen

Nach dem Keimen der Samen, das meist mit dem Keimen von Unkrautsamen parallel verläuft, beginnt eine sehr **intensive Arbeit im Saatbeet**. Schon kleinste Unkräuter müssen entfernt werden, nicht nur, weil sie eine Konkurrenz für die Koniferen darstellen, sondern auch deshalb, weil ein zu spätes Entfernen dazu führen würde, dass man auch eine nicht unbeträchtliche Menge an Tannensämlingen ungewollt mitentfernt oder das Substrat so stark lockert, dass viele Sämlinge keinen ausreichenden Bodenschluss mehr haben und in der Folge vertrocknen.

Ebenso sind die Jungpflanzen vor verschiedenen Pilzkrankheiten im Saatbeetbereich durch regelmäßige Spritzungen mit Fungiziden zu schützen. Nach zwei Wachstumsperioden sind die Sämlinge aus dem inzwischen sehr engen Verband zu nehmen und werden im Frei-

Frisch aufgelaufene Koniferensaat

Ständiges Jäten ist erforderlich.

Das Verschulen der zweijährigen Sämlinge

land in einem Abstand gesetzt, der eine Menge von ungefähr 50 Pflanzen/m^2 ergibt. Diesen Vorgang nennt man **„Verschulen"** und er hat den Zweck, den Pflanzen optimale Bedingungen für ihre Weiterentwicklung zu schaffen und eine optimale Wurzelentwicklung zu erreichen. Diese Arbeit erfolgt in der Regel maschinell, mit der sogenannten „Verschulmaschine", auf entsprechend vorbereiteten Ackerflächen. In der Verschulung stehen die Pflanzen weitere zwei Jahre und erreichen je nach Bodenbeschaffenheit, Klima, Höhenlage und Tannenart eine Größe von 15–30 cm.

Die Böden sollten auf ihren pH-Wert sowie auf den Kalium-, Phosphor- und Magnesiumgehalt untersucht werden und die Düngung auf die Bodenprobenwerte abgestimmt sein. Tannenarten brauchen im Gegensatz zu Fichtenarten, die einen pH-Wert von 4–4,8 bevorzugen, einen etwas höheren Wert, der im Bereich von 4,8–6,0 liegt. Zur Düngung bzw. den verschiedenen Düngemitteln wie auch diversen Mangelerscheinungen gibt es einschlägige Literatur, zudem wird in einem späteren Kapitel noch näher auf die optimale Nährstoffversorgung der Koniferen eingegangen.

Nach dem Verschulen beginnt wieder die intensive Arbeit der Unkrautfreihaltung, die hier teilweise chemisch, teilweise mechanisch oder händisch durchgeführt wird. Mit Pilzkrankheiten hat man in der Verschulung normalerweise nicht mehr zu rechnen.

Das Eintopfen

In den letzten Jahren hat sich bei vielen Koniferen, so auch bei Tannen für die Christbaumkultur, das Eintopfen durchgesetzt. Diese Pflanzen stehen dann **anstelle der Verschulung zwei Jahre im Topf**, bevor sie an ihrem Bestimmungsort gepflanzt werden. Die eingetopfte Pflanze ermöglicht ein Ausdehnen der Pflanzzeit um einige Wochen und hilft somit, Arbeitsspitzen abzubauen. Im Besonderen wird das Eintopfen dort Verwendung finden, wo ausgefallene Pflanzen zu einem späteren Zeitpunkt, eventuell

Topfpflanzen

im Frühsommer, nachgepflanzt werden müssen. Der Preis einer eingetopften Pflanze bewegt sich allerdings im Bereich des Doppelten dessen, was eine wurzelnackte Pflanze kostet.

Nach einer vierjährigen intensiven Arbeit hat man also ein generativ vermehrtes Pflanzmaterial und der Anlage einer Christbaumkultur steht nichts mehr im Wege.

Fichten- und Tannenarten für die Christbaumkultur

Während man sich früher in erster Linie der heimischen Gehölze bediente, werden heute aus verschiedenen Gründen (schöneres Reisig, kürzere Internodien, besseres Nadelhaltevermögen, Spätfrostresistenz usw.) in erster Linie sogenannte „exotische" Tannenarten für die Christbaumproduktion verwendet. Dazu kommen die Samen in erster Linie aus Gebieten, in denen die entsprechenden Arten in großen einheitlichen Beständen vorkommen. Das sind oft Tausende Quadratkilometer große zusammenhängende Areale.

Da es Vorkommen von Koniferen in bestimmten Breiten rund um die Erdkugel gibt, finden wir sowohl in Europa als auch in Asien und Amerika Tannen- und Fichtenarten, die die verschiedenen Ansprüche, welche an

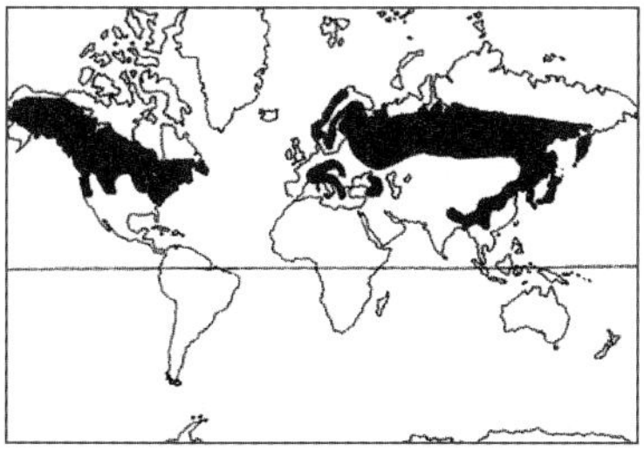

Verbreitung der Fichtenarten

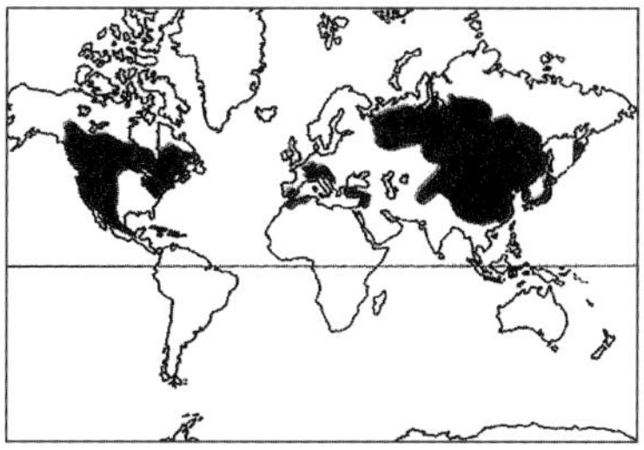

Verbreitung der Tannenarten

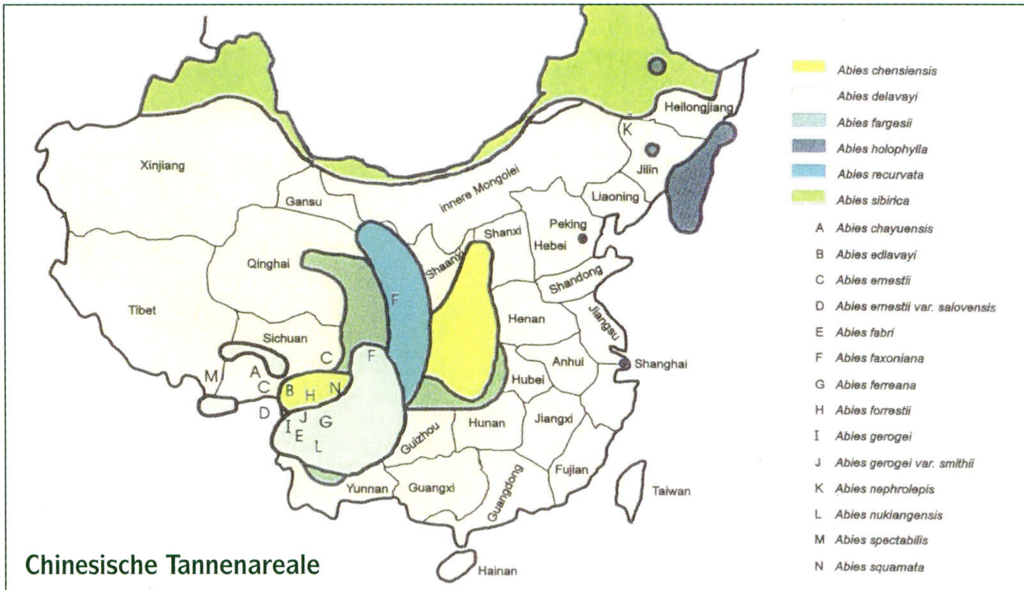

Chinesische Tannenareale

Christbäume gestellt werden, erfüllen. So gibt es, über die Erde verteilt, je nach Systematik 35 bis 60 Fichten- sowie 40 bis 50 Tannenarten, dazu noch einige Spielarten und sogar Neuzüchtungen aus der Kreuzung zweier verschiedener Tannen. Viele davon haben wir seit drei Jahrzehnten in unserer Forstbaumschule im Versuch, wenngleich sie auch anfänglich eher forstwirtschaftlichen Betrachtungen unterworfen waren.

Viele wunderschöne Tannenarten, über die in der Christbaumzucht noch sehr wenige oder keine Erfahrungswerte vorliegen, wurden aber erst in den letzten zwei Jahrzehnten in das Sortiment aufgenommen. Große Erwartungen und Hoffnungen legten wir dabei auch auf die Tannenarten des chinesischen Raumes, da es dort viele Arten gab, die sonst noch kaum irgendwo angepflanzt wurden, und es bis vor 25 Jahren sehr schwierig bis unmöglich war, von China Samenmaterial zu bekommen. Leider wissen wir heute, dass es praktisch keine einzige der 10 bis 20 Arten aus China geschafft hat, unseren Anforderungen an einen schönen Christbaum zu entsprechen. Der Hauptgrund ist die Frostempfindlichkeit, aber auch das oft etwas spitze Nadelkleid und die teilweise schlechte Nadelhaltbarkeit machen diese Bäume wenig attraktiv.

Natürlich sind auch von anderen Gebieten und Kontinenten nicht alle Arten für die Christbaumzucht geeignet, aber die für unsere Regionen wichtigsten will ich im Folgenden beschreiben, um doch den einen oder anderen Christbaumproduzenten dazu zu animieren, vom Universalbild der Nordmannstanne auf den Christbaummärkten wegzukommen und dem Konsumenten die Möglichkeit zu geben, nach Geschmack und Laune zu gustieren und auszusuchen. Besonders gut möglich ist dies, wenn wir eine Ab-Hof-Vermarktung anstreben, in deren Rahmen sich der Kunde leichter und lieber auf das breitere Angebot einstellt oder die größere Auswahl sogar im gewissen Ausmaß erwartet (verschiedene Arten, lebender Baum, Friedhofsbaum, Billigbaum für den Vorgarten, auch größere Sortimente an Bäumen usw.).

Fichtenarten

Die Fichtenarten wie auch die im nächsten Kapitel beschriebenen Tannenarten gehören zur **Familie der Pinaceae**, der **Kieferngewächse**. Dazu gehören zehn Gattungen mit etwa 200 Arten, die sich durch linealische, flache oder nadelförmige Blätter sowie Zapfen mit spiralig angeordneten Schuppen auszeichnen. Viele bekannte Nadelhölzer, wie z. B. Zedern, Lärchen, Fichten, Kiefern, Tannen, werden zur Familie der Pinaceae gezählt. Verbreitet ist die Tannen- und Fichtenfamilie vom Polarkreis bis dicht südlich des Äquators.

Wichtige Arten: Gattung *Picea* (Fichte)

Picea abies	Gemeine Fichte (siehe unten)
Picea engelmannii	Engelmannsfichte
Picea glauca	Weißfichte
Picea omorika	Serbische Fichte (s. S. 34)
Picea pungens f. *glauca*	Blaufichte (s. S. 35)

Gemeine Fichte (*Picea abies*)

Die Gemeine Fichte ist **das wichtigste europäische Nutzholz**. Wie alle Gehölze mit großem Verbreitungsareal zeichnet sie sich durch eine hohe morphologische Veränderlichkeit aus. Ihre Heimat ist Nord- und Mitteleuropa, wo sie in Berglagen ausgedehnte Bestände bildet. In Lappland und im Norden Russlands reicht sie fast bis an die nördliche Waldgrenze, in den Alpen wächst sie bis in Höhen von 2.000 m und bildet dort die obere Waldgrenze. Fichten findet man aber nicht nur in Bergwäldern, sondern auch in Gebieten mit hohem Grundwasserspiegel und in den meisten modernen Forsten bis in tiefe Lagen. Hier leidet jedoch die Fichte nicht nur unter für sie ungünstigen Klimafaktoren, sondern auch unter zahlreichen Schädlingen und den negativen Zivilisationseinflüssen, wie der Schadstoffbelastung durch Verkehr und Industrie.

Fichten haben eine schuppige Rinde und wirtelig angeordnete Äste. Ihre Zweige tragen charakteristische, durch Rillen voneinander getrennte, rhombische Blattpolster. Die Nadeln wachsen am Zweig spiralig, sind im Querschnitt normalerweise vierkantig und haben auf allen vier Seiten Spaltöffnungen. Die schmalkegeligen, harzfreien Knospen haben anliegende Schuppen.

Eignung für Christbaumkulturen

Die Gemeine Fichte wird in Christbaumkulturen kaum angepflanzt, allerdings steht sie mitunter in ähnlicher Weise in Beständen, aus denen sie dann schließlich mit Erdballen für lebende Zäune entnommen wird. Sie kommt als geschnittener Baum fast ausschließlich aus der forstlichen Nutzung, da sie hier sozusagen als Abfallprodukt bei der Durchforstung anfällt und so trotz

Gemeine Fichte

niedriger Preise, die damit zu erzielen sind, rentabel sein kann. Sie ist heute kaum mehr auf Christbaummärkten zu finden, da sie die Erste ist, die sich von ihrem Nadelkleid befreit. Ein Anbau in einer Christbaumkultur würde sich finanziell auch nicht rentieren. Meist kommt die Fichte als Weihnachtsbaum aus höher gelegenen Wäldern, da dort die Internodien kürzer sind und daher mit ansprechenderen Bäumen zu rechnen ist als in Tieflagen. Als lebender Christbaum ist sie zwar geeignet, die Nachfrage hält sich jedoch in Grenzen.

Serbische Fichte (*Picea omorika*)

Die Serbische Fichte – auch Omorika-Fichte genannt – ist im Hinblick auf **Schönheit und Anmut** ein ernsthafter Konkurrent für viele Nadelhölzer. Europa beheimatet zwei Fichtenarten, die Gemeine Fichte mit ihrem großen Areal und die Serbische Fichte, die nur auf den Kalksteinschwellen am Mittel- und Oberlauf der Drina in Bosnien und Herzegowina wächst. Hier wurde sie auch im Jahr 1875 entdeckt. Die Omorika-Fichte wächst nur auf Nord- und Nordosthängen in Höhen von 800 bis 1.600 m, vereinzelt zwischen anderen Waldbäumen. Botaniker halten sie für ein Tertiärrelikt, da Abdrücke ähnlicher Fichten aus dieser Epoche in fast ganz Europa nachgewiesen sind. Sie ist mit der nordamerikanischen Sitka-Fichte sowie mit der Siskiyou-Fichte und mit einigen asiatischen Arten verwandt.

Bei der Omorika-Fichte handelt es sich um einen sehr schlanken Baum mit kurzen, etwas nach unten durchhängenden Ästen und einer sich in rundlichen Schuppen abschälenden, graubraunen Rinde. Sie hat dunkelbraune, eiförmige Knospen und die Endknospen weisen lange Schuppen auf. Die Nadeln sind auffällig zusammengedrückt, an der Unterseite mit zwei weißen Streifen versehen und an der Oberseite glänzend dunkelgrün. Sie stehen dicht und anliegend, an der Unterseite wirken sie ein wenig kammartig. Das qualitativ hervorragende Holz fand im Mittelalter und in der Antike zur Herstellung von Schiffsmasten Verwendung.

Serbische Fichte

Eignung für Christbaumkulturen

Plantagenmäßig wird die Serbische Fichte fast ausschließlich für den Bedarf an lebenden Zäunen gepflanzt, sie wird aber auch sehr gerne als Christbaum gekauft, vor allem dann, wenn der Baum schon etwas älter ist, stärkere Zweige aufweist und mit Zapfen besetzt ist. In jungen Jahren sind die Zweige oft sehr weich und unmöglich zu behängen. Manchmal wird sie auch aufgrund ihres schlanken Wuchses gekauft, wobei die Tendenz eher zum „superschlanken" Baum hingeht. In wenigen Fällen findet sie auch als lebender Christbaum Verwendung. Die Omorika-Fichte ist sehr standortempfindlich und verträgt nasse, schwere Böden überhaupt nicht. Auf solchen Böden sterben auch ältere Bäume immer wieder ab. Bei zu hohen Herbizidkonzentrationen hat sie ebenfalls ihre Schwierigkeiten, weshalb sie nicht in großem Maß in Kulturen gepflanzt wird. Sehr oft ist sie aber als Solitärbaum in Vorgärten zu finden.

Blaufichte (*Picea pungens*)

Die Blaufichte – auch Stechfichte genannt – ist wohl die **verbreitetste Zuchtfichte** der europäischen Park- und Grünanlagen, obwohl sie erst 1862 in Colorado entdeckt wurde. Bereits im folgenden Jahr gelangten die ersten Samen nach Europa, damals leider mit der ihr ähnlichen Engelmannsfichte vermischt. Die Stechfichte ist ein Gebirgsbaum, der in Höhen von 2.000 bis 3.000 m in Mischwaldungen mit der Colorado-Tanne, der Gelbkiefer und der Douglasie wächst. Sie ist in den Rocky Mountains beheimatet und findet sich von Wyoming bis Colorado, Arizona und New Mexico.

Sie ist ein außerordentlich anpassungsfähiges Gehölz, das gegenüber trockenen und feuchten Böden tolerant ist und sich auch Luftverschmutzungen gegenüber als widerstandsfähig erweist. Die Stechfichte hat wirtelig angeordnete, sehr kräftige, waagrecht stehende Äste und einen Stamm mit graubrauner, gefurchter Rinde. Die jungen Zweige sind gelbbraun, die Knospen stumpf gerundet, frei von Harz und später austreibend als bei anderen Fichtenarten. Die jungen Nadeln sind weich und blaugrün, die ausgewachsenen sehr zäh, stechend, vierkantig, gekrümmt nach allen Seiten abstehend und farblich sehr variabel.

Eignung für Christbaumkulturen

Die Blaufichte eignet sich ganz hervorragend für die plantagenmäßige Aufzucht von Christbäumen. Sie stellt kaum Ansprüche an Boden und Klima. Ausschlaggebend für ihre Qualität und Ausfärbung ist unter anderem die Saatgutherkunft. Die besten Herkünfte finden Sie in der Herkunftstabelle auf Seite 22. Schnittkorrekturen sind kaum nötig und ausgefallene Terminalknospen durch Frühfröste lassen sich sehr gut durch Seitentriebe ersetzen. Nachteilig an der Stechfichte ist, wie schon der Name sagt, dass die Nadeln sehr stark stechen und so beim Aufputzen des Baumes sehr unangenehm werden können. Der Anteil an verkauften Bäumen ist in den letzten Jahren stark rückläufig, einerseits bedingt durch ihre spitzen Nadeln, andererseits durch den Preisrückgang bei Tannen.

Die Blaufichte eignet sich auch sehr gut als lebender Christbaum und wird als solcher auch noch sehr gerne gekauft. Trotz ihrer Beliebtheit kommt sie im Preis nicht ganz an die Tannenarten heran, obwohl es kaum eine Tanne gibt, die an die Schönheit kleiner Blaufichten (bis zu 1 m) herankommt. Darum ist das auch die Größe, in der sich die Blaufichte nach wie vor gut verkaufen lässt. Außerdem ist sie die einzige Baumart, die als Christbaum auch ohne Umzäunung gezogen werden kann.

Blaufichte

Tannenarten

Wichtige Arten: Gattung *Abies* (Tanne)

Abies alba	Weißtanne (siehe unten)
Abies alba kalabrica	Kalabrische Weißtanne
Abies amabilis	Purpurtanne (s. S. 63)
Abies arnoldiana	*A. koreana* x *A. alba* (s. S. 66)
Abies balsamea	Balsamtanne (s. S. 63)
Abies borisii-regis	König-Boris-Tanne, Bulgarische Tanne (s. S. 39)
Abies bornmuelleriana	Bornmüllers Tanne, Türkische Tanne (s. S. 39)
Abies bracteata	Santa-Lucia-Tanne, Grannentanne (s. S. 59)
Abies cephalonica	Griechische Tanne (s. S. 42)
Abies chensiensis	Schensi-Tanne (s. S. 50)
Abies cilicica	Kilikische Tanne (s. S. 40)
Abies concolor	Colorado-Tanne (s. S. 60)
Abies concolor lowiana	Sierra-Tanne (s. S. 62)
Abies delavayi	Delavayis Tanne (s. S. 50)
Abies durangensis	Durangensis-Tanne
Abies equi-trojani	Troja-Tanne (s. S. 41)
Abies fargesii	Fargestanne (s. S. 51)
Abies firma	Momi-Tanne (s. S. 46)
Abies fraseri	Fraser-Tanne (s. S. 64)
Abies grandis	Riesentanne, Küstentanne (s. S. 59)
Abies guatemalensis	Guatemala-Tanne
Abies hickeli	Hickeli-Tanne
Abies holophylla	Mandschurische Tanne (s. S. 47)
Abies homolepis	Nikko-Tanne (s. S. 49)
Abies intermedia	Kanaan-Tanne (s. S. 66)
Abies kawakamii	Formosa-Tanne (s. S. 66)
Abies koreana	Korea-Tanne (s. S. 52)
Abies lasiocarpa var. *lasiocarpa*	Felsengebirgstanne, Westamerikanische Balsamtanne (s. S. 55)
Abies lasiocarpa var. *arizonica*	Korktanne (s. S. 56)
Abies magnifica	Prachttanne (s. S. 58)
Abies mariesii	Maries Tanne (s. S. 46)
Abies nebrodensis	Sizilianische Tanne (s. S. 66)
Abies nephrolepis	Ostsibirische Tanne (s. S. 44)
Abies nordmanniana	Nordmannstanne (s. S. 37)
Abies numidica, A. pardei	Algier-Tanne (s. S. 66)
Abies pindrow	Pindrow-Tanne (s. S. 47)
Abies pinsapo	Spanische Tanne (s. S. 54)
Abies procera, A. nobilis	Edeltanne, Nobeltanne (s. S. 57)
Abies recurvata	Min-Tanne (s. S. 47)
Abies religiosa	Heilige Tanne (s. S. 64)
Abies sachalinensis	Sachalin-Tanne (s. S. 44)
Abies sibirica	Sibirische Tanne (s. S. 45)
Abies spectabilis	Himalaja-Tanne (s. S. 48)
Abies squamata	Schuppentanne (s. S. 52)
Abies sutchuenensis	Sutchuen-Tanne (s. S. 51)
Abies veitchii	Veitchs Tanne (s. S. 43)
Abies vejari, A. mexicana	Vejar-Tanne

Weißtanne (*Abies alba*, *Abies pectinata*)

Englisch: Silver Fir, Common Silver Fir

Herkunft: Schwarzwald, Alpen, Frankreich, Korsika, Tatra, nach Süden bis zu den Gebirgen des Balkans

Stamm: Stumpf dunkelgrau, glatt mit Harzblasen an der Rinde junger Bäume, im Alter schuppige, hellgraue Rinde

Nadeln: An den Zweigen kammartig angeordnet, zur Seite und nach oben weisend, 15–30 mm lang, die oberen ein wenig kürzer und

an der Spitze gerundet oder eingekerbt. Die Oberseite ist dunkelgrün und auf der Unterseite finden sich zwei weiße Stomatastreifen.
Knospen: Junge Zweige sind graubraun und rau behaart, die Knospen harzlos oder nur wenig harzgefüllt.
Zapfen: Walzenförmig, 10–15 cm lang, an der Spitze etwas verjüngt und abgerundet, grün bis zum September, dann orangebraun. Deckschuppen 6–7 mm lang, weit vorragend und zurückgeschlagen
Ähnliche Arten: *A. nordmanniana, A. borisii-regis*

Von den europäischen Tannen hat die Weißtanne, auch Edeltanne genannt, die **größte Verbreitung** und war einst auch die häufigste Tanne überhaupt. Ihre natürliche Verbreitung erstreckt sich über fast alle europäischen Gebirgszüge.

Sie ist ein langlebiger Baum (400 bis 500 Jahre), der sehr große Mengen an Holz produziert. So lassen sich aus einem 60-m-Riesen

Weißtanne

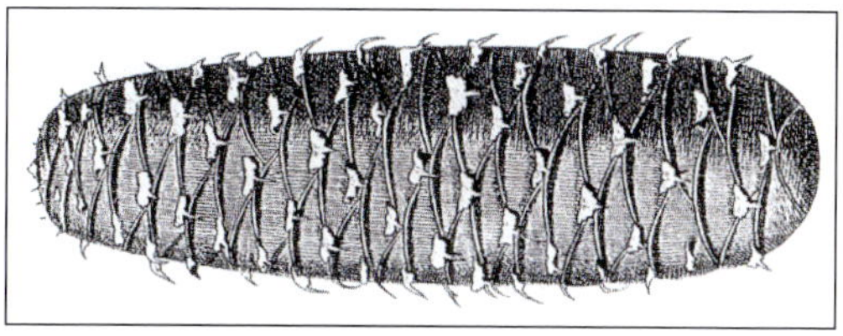

Zapfen der Weißtanne

bis zu 60 Raummeter Holz gewinnen. Derartige Baumriesen sind heute allerdings schon selten geworden. Die ersten Berichte über Tannenrückgänge datieren bereits früh im 19. Jahrhundert und eine rapide Verschlechterung trat vor allem in den letzten 30 Jahren ein. Hier wirken viele Ursachen zusammen, von denen die Schadstoffbelastung der Luft (saurer Regen) die wichtigste sein dürfte. Die Weißtanne wird in unseren natürlichen Waldbeständen in den nächsten Jahrzehnten wieder zunehmen, da die Tanne ein Dunkelkeimer und bei den derzeit angewandten Methoden der Forstwirtschaft (Vermehrung durch Naturverjüngung) der Fichte weit überlegen ist. Leider ist die Weißtanne nur mehr in der Jugend relativ vital, viele Bestände werden nicht älter als 30 bis 40 Jahre.

Eignung als Christbaum und Baumschulware

Die Weißtanne ist aus verschiedenen Gründen fast zur Gänze von den Christbaummärkten verschwunden (Frostempfindlichkeit, weicher Wuchs, schlechte Nadelhaltbarkeit ...). Leider ist sie in der Reihe aller Tannen **die Erste**, die nach dem Umschneiden **ihre Nadeln verliert**. Auch als lebender Christbaum ist die Weißtanne als klassischer Tiefwurzler kaum geeignet.

Nordmannstanne (*Abies nordmanniana*)

Englisch: Caucasian Fir
Herkunft: Westkaukasus, Nordosten der Türkei
Stamm: Stumpf, grau, glatt, an alten Bäumen in dicke Platten gefeldert

Nadeln: An der Unterseite kammartig angeordnet, weisen von oben gesehen leicht nach vorn, sind manchmal andeutungsweise zweiseitig ausgebreitet, auf der Oberseite dunkelgrün und glänzend und auf der Unterseite mit zwei blassen Streifen versehen. Die weichen Nadeln sind bis zu 3 cm lang und 2,5 mm breit, stehen sehr dicht und sind am Ende abgerundet und eingekerbt.
Knospen: Eiförmige, schuppenbedeckte, harzlose Knospen
Zapfen: Bis zu 15 cm lang, zylindrisch, an der Spitze kegelförmig, zuerst blassgrün, dann braun
Ähnliche Arten: *A. borisii-regis, A. bornmuelleriana, A. cilicica, A. equi-trojani*

Die in Europa und den angrenzenden Regionen wachsenden Tannenarten bewohnen vorwiegend isolierte Areale. Das östlichste davon wird von der Nordmannstanne eingenommen. Sie wächst in den Bergen der Schwarzmeerküste,

Nordmannstanne

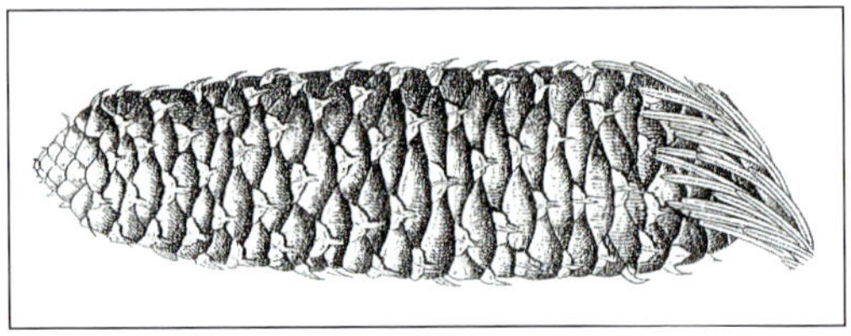

Zapfen der Nordmannstanne

von der Kolchis bis zum Kaukasus, und findet sich überdies an einigen Stellen Kleinasiens. Sie ist Bestandteil großer Wälder, die aus Kaukasusfichten und orientalischen Buchen gebildet werden. Schon bald nach ihrer Entdeckung wurde sie nach West- und Mitteleuropa gebracht: nach England in den Jahren 1810–1848, nach Böhmen 1845, möglicherweise auch früher. In Polen wird sie überraschenderweise schon 1806 erwähnt. Die erste wissenschaftliche Beschreibung als *Abies nordmanniana* stammt aus dem Jahre 1838.

Eignung als Christbaum und Baumschulware

Die Nordmannstanne hat sich in den Christbaumkulturen **unumstritten den ersten Rang** erobert. Sie ergibt nicht zuletzt durch ihre ansprechende dunkelgrüne Färbung einen sehr schönen Christbaum, braucht aber in ihrer Entwicklung mindestens zwei bis drei Jahre länger als beispielsweise eine Veitchs oder Korea-Tanne. Frostgefährdete Lagen sowie schwere Böden sind unbedingt zu meiden. Schnittkorrekturen sind notwendig, um eine entsprechende Ausbeute zu erzielen.

Sie ist ein klassischer **Tiefwurzler** und daher als lebender Christbaum kaum empfehlenswert, sofern sie nicht zumindest einmal etwa ab 1 m Wuchshöhe umgeschult wurde. Durch eine solche Umschulung verliert die Tanne ihre extreme Pfahlwurzel und bildet feinere Seitenwurzeln aus, die sie als lebender Christbaum dringend braucht. In manchen Betrieben wird die Nordmannstanne auch durchgehend im Topf gezogen, wodurch ebenfalls eine sehr intensive und feine Durchwurzelung des Erdballens erreicht wird. Mit dieser Methode ist es allerdings sehr schwer, die erwünschten Qualitäten zu erzielen. Vor allem größere Bäume verlieren große Wurzelmassen, sofern sie nicht vorher ein- bis zweimal übersetzt wurden.

Verbesserungen in der Qualität und im Wuchsbild sind durch entsprechende Herkünfte zu erzielen. Im Moment sind die bekanntesten Herkünfte: Ambrolauri, Borshomi, Beshumi, Adegeni, Arkhyz, Krasnaja und Apsheronsk, wobei vor allem die beiden Letzteren ein schnelleres Jugendwachstum aufweisen und uns zu schönen kleinen Bäumen verhelfen, aber auch zu leichteren, reihigen und offeneren Bäumen im größeren Sortiment.

König-Boris-Tanne (*Abies borisii-regis*)

Englisch: Bulgarian Fir
Herkunft: Wächst in den Balkanbergen, dort wo sich die Weißtanne mit der Griechischen Tanne trifft. Wahrscheinlich ein natürlicher Hybrid aus *A. alba* und *A. cephalonica*.
Stamm: Rau, stumpf dunkelgrau
Nadeln: An jeder Seite in drei bis vier Reihen gescheitelt, dicht stehend, 3 cm lang, gerade, schmal, oben glänzend dunkelgrün, unten mit schmalen weißen Bändern. Der Wuchs ist ähnlich der Weißtanne, sie weist jedoch etwas stabilere Äste und fettere Nadeln auf, in Richtung Nordmannstanne.
Zapfen: 12 x 4 cm, eiförmig zylindrisch, Deckschuppen gerade abstehend, blass purpurgrün
Ähnliche Arten: *A. alba, A. nordmanniana*

Eignung als Christbaum und Baumschulware

Die Art weist einen sehr lockeren schlendrigen, schnellen Wuchs auf und ist daher dem heutigen Idealbild eines Christbaumes nicht mehr entsprechend. Durch „Shearing“ (eine amerikanische Schnitttechnik, s. Kap. „Kulturpflege“) kann man jedoch zu schönen, schlanken, dichten Bäumen kommen, wie am Titelbild des Buches zu sehen ist. Die Nadelhaltbarkeit ist besser als bei der Weißtanne. Als Ballenware ist die Art bedingt geeignet, da mit Nordmannstanne und Türkischer Tanne gute Alternativen zur Verfügung stehen.

König-Boris-Tanne

Türkische Tanne (*Abies bornmuelleriana*)

Englisch: Bornmüller's Fir; auch Bornmüllers Tanne
Herkunft: Kleinasien (Türkei)
Stamm: Glatte rötlich-schwarze Rinde
Nadeln: 3–4 cm lange, dicht stehende Nadeln, die auf der Oberseite des Triebes fast senkrecht stehen. Die Unterseite ist gescheitelt, die Stomatastreifen reichen auch auf die Spitze der Oberseite.

Zapfen: Ähnlich den Zapfen der Nordmannstanne, in der Regel etwas kleiner
Ähnliche Arten: *A. nordmanniana, A. cephalonica, A. cilicica*

Geografisch und morphologisch zwischen *A. nordmanniana* und *A. cephalonica*, der Griechischen Tanne, liegend, wird die Art zumeist als Bastard zwischen diesen beiden angesehen. Sie ist in den Höhenlagen des westlichen Pontus-Gebirges (im Nordwesten der Türkei) zwischen 800 und 2.000 m beheimatet. Am natürlichen Standort wächst sie zu geradstämmigen, vollholzigen, im Freistand tief beasteten Bäumen heran, die im Habitus der Nordmannstanne ähneln. Im küstennahen Gebiet dominieren Exemplare mit breiten, aber lichten Kronen, deren Äste zweiter Ordnung zum Herabhängen tendieren. Der mehr xerophile Inlandtyp ist hingegen schmalkronig sowie dichter und starrer beastet. Die Triebe sind besonders dicht benadelt. Auf der Zweigoberseite stehen die Nadeln radial ab, ansonsten sind sie gescheitelt. Mehrere Autoren beobachteten in Mittel- und Westeuropa ein relativ frühes Austreiben dieser Spezies. In Mitteleuropa haben Parkbäume –23 °C ohne gravierende Schäden überstanden.

Junge Türkische Tannen

Eignung als Christbaum und Baumschulware

Die Türkische Tanne eignet sich ganz **ausgezeichnet als Christbaum** und nimmt inzwischen auch einen sehr großen Bereich am Markt ein. Sie ist vom Laien von der Nordmannstanne nicht zu unterscheiden und erobert dadurch auch dieses Segment. Die Nadeln sind etwas kürzer als bei der Nordmannstanne und sind meist rund um den Trieb angeordnet. Dadurch sieht man oft die Nadelunterseite, die dem Baum einen silbrigen Glanz verleiht. Für viele Produzenten ist inzwischen die Türkische Tanne die „schönere Nordmannstanne“ und wird sehr gerne produziert, da sie auch kaum Korrekturmaßnahmen erfordert und auch als kleiner Baum bis zu 1 m schon sehr schöne Qualitäten bringt. Ganz nebenbei ist sie auch meine Lieblingstanne.

Kilikische Tanne (*Abies cilicica*)

Englisch: Cilician Fir; auch Zilizische Tanne
Herkunft: Südtürkei, östliches Kleinasien, Syrien
Stamm: Dunkelgrau und glatt, mit großen schwarzen Ringen um die Astnarben
Nadeln: Die Nadeln sind meist sehr dünn wie Stecknadeln und spitz, aber nicht stechend, und dadurch von der Nordmannstanne zu unterscheiden.
Knospen: Knospen sind nicht harzig. Die Art treibt sehr früh aus und ist daher spätfrostgefährdet.
Zapfen: Zylindrisch, bis zu 15 cm lang
Ähnliche Arten: *A. nordmanniana*

Sie ist ein relativ seltener, aber sehr ansehnlicher Baum, der eine sehr üppige Benadelung aufweist und auch in Mitteleuropa winterhart ist. Die Kilikische Tanne hat große Ähnlichkeit mit der Nordmannstanne, besitzt aber längere, schmälere und etwas gebogene Nadeln. Die Nadelspitzen sind auch an der Oberseite mitunter weißlich. Herkünfte, die eine Vermischung der Kilikischen Tanne und der Nordmannstanne darstellen, wären unter Umständen für Christbaumkulturen sehr interessant.

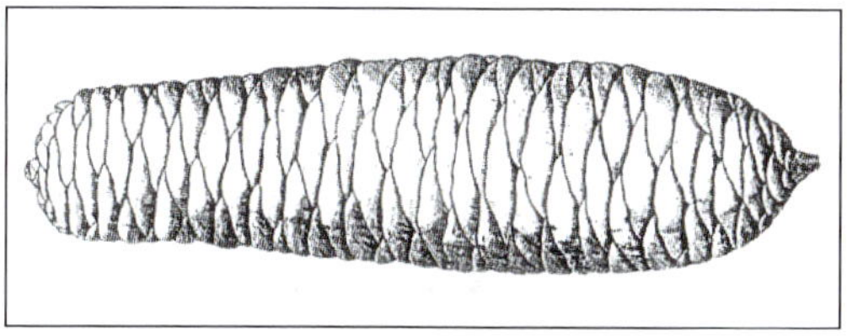

Zapfen der Kilikischen Tanne

Kilikische Tanne

Eignung als Christbaum und Baumschulware

Die Kilikische Tanne ist sehr **frostempfindlich**, was sich oft durch Knospenausfälle zeigt, ergibt aber mitunter sehr schöne schlanke Bäume, die der Nordmannstanne sehr ähnlich sind. Da sie aber in der Produktion etwas schwieriger ist als die Nordmannstanne, wird sie wohl kaum an Bedeutung gewinnen oder im Segment Nordmannstanne untergehen. Durch ihre extreme Tiefwurzel ist sie auch als Baumschulware nicht gut geeignet.

Troja-Tanne (*Abies equi-trojani*)

Englisch: Troja Fir
Herkunft: Türkei; sehr ähnlich wie *A. bornmuelleriana*, wahrscheinlich auch die gleichen Eltern (*A. cephalonica* x *A. nordmanniana*). Angeblich entstanden durch eine Artbastardisierung von *A. bornmuelleriana* und *A. cephalonica*.
Stamm: Glatte dunkelgraue Rinde
Nadeln: Kurz, auf der Oberseite rundgenadelt wie bei *A. bornmuelleriana*, unterseits gescheitelt mit zwei weißen Stomatastreifen, die auch auf die Oberseite reichen können.
Zapfen: Sehr ähnlich der *A. cephalonica*
Ähnliche Arten: *A. cephalonica, A. bornmuelleriana*

Die Troja-Tanne, auch Westtürkische Tanne oder Kleinasiatische Tanne, ist der Türkischen Tanne

Zapfen der Troja-Tanne

Junge Troja-Tannen

sehr ähnlich und von ihr kaum zu unterscheiden. Sie entwickelt schlankere Bäume, die rund um den Trieb benadelt sind und so auch oft die silberne Unterseite der Nadeln herzeigen. Sie ist damit durchaus auch eine Alternative zur Türkischen Tanne.

Eignung als Christbaum und Baumschulware

Die Troja-Tanne ist **als Christbaum noch nicht bekannt**, da sie praktisch nicht angebaut wird. Sie entspricht aber der Qualität von *A. bornmuelleriana* und könnte mit dieser zusammen starke Marktanteile erobern. Ebenso wie *A. bornmuelleriana* ist sie als Baumschulware denkbar. Der Samen ist jedoch noch sehr unregelmäßig zu bekommen.

Griechische Tanne (*Abies cephalonica*)

Englisch: Grecian Fir
Herkunft: Gebirge Griechenlands bis in die Türkei
Stamm: Dunkelbraun mit orangem Anflug, später grau mit schwarzen Rissen
Nadeln: Auf der Trieboberseite stehen die radial um den Trieb angeordneten Nadeln etwas dichter, breite Basis mit schmalem Stiel, steif, lederartig und meist mit stechender Spitze versehen.
Zapfen: 15 x 5 cm, bräunlich, harzig, zylindrisch mit kegelförmiger Spitze, Deckschuppen zurückgeschlagen. Sehr früh austreibende Art, daher kommt es oft zu Frostschäden.
Variation: *A. cephalonica* var. *apollinis*: Die Nadeln stehen viel dichter und sind fast zur Gänze auf der Trieboberseite angeordnet, die Spitzen sind oft rund.
Ähnliche Arten: *A. pinsapo, A. numidica, A. vilmorinii*

Eignung als Christbaum und Baumschulware

Wegen ihrer **spitzen Nadeln** wird die Art praktisch nicht verwendet, verträgt allerdings höhere pH-Werte und viel Trockenheit. In den Mischformen mit der Nordmannstanne entstehen allerdings wunderschöne Christbäume. Als Baumschulware nur von Sammlern gefragt.

Griechische Tanne mit Zapfen

Veitchs Tanne (*Abies veitchii*)

Englisch: Veitch's Silver Fir
Herkunft: Zentraljapan; vom Botaniker Veitch auf der Insel Honshu entdeckt und nach ihm benannt.
Stamm: Grau bis graubraun, glatt, aber mit waagrechten Linien, Harzballen an jungen Stämmen, weiße Flecken an alten Stämmen
Nadeln: Nadeln zeigen alle nach vorne, sind dicht, dunkelgrün, mehr oder weniger glänzend, unterhalb mit zwei breiten glänzenden silbernen Bändern versehen, bis 2,5 cm lang.
Knospen: Rötlich-purpurfarbene Knospen, in der Regel sehr spät austreibend
Zapfen: 8 x 2,5 cm große Zapfen, purpurblau, zylindrisch, die Deckschuppen ragen 2–3 mm vor. Reife Zapfen sind braun und kommen schon auf relativ jungen Bäumen vor.
Ähnliche Arten: *A. nephrolepis*

20 Jahre alte Veitchs Tanne

Diese Tannenart hat John G. Veitch an den Hängen des bekannten Vulkans Fujiyama im Jahre 1860 erstmals entdeckt. Nach Europa wurde sie wahrscheinlich 1865 eingeführt. In Japan wächst diese Art vor allem auf der Insel Honshu und ist dort in gebirgigen Lagen in Höhen um 1.300–2.300 m der dominierende Waldbaum und ein verbreitetes Gehölz in Nadelmischwäldern. Das Holz dient in Japan in erster Linie zur Papierherstellung. Der Baum bevorzugt gleichmäßig feuchte Humusböden, wächst aber auf fast allen Böden und ist die kleinste aller japanischen Tannenarten.

Die Veitchs Tanne ist ein Baum mit kurzen Ästen in typisch wirteliger Anordnung. Sie hat eine glatte, hellgrauweiße Rinde, die bei einzeln stehenden Exemplaren normalerweise unter dem Astwerk verborgen bleibt. Ihre jungen Zweige sind grau bis grün und andeutungsweise behaart. Die Knospen sind kugelig, von einem glasigen, rotvioletten Harz umflossen. Die dicht an den Trieben wachsenden Nadeln sind in der Mitte weit v-förmig gescheitelt und an der Spitze stumpf gekappt. Ihre Oberseite ist glänzend dunkelgrün, an der Unterseite sitzen zwei mit Wachs überzogene Streifen mit Spaltöffnungen, die den Trieb an der Unterseite hell silbrig erscheinen lassen.

Eignung als Christbaum und Baumschulware

Die Veitchs Tanne ist auf fast allen Standorten geeignet, um schöne Bäume hervorzubringen. Sie ist jedoch sehr **schnellwüchsig**, was einerseits eine kurze Umtriebszeit mit daraus resultierenden höheren Deckungsbeiträgen bedeutet, andererseits jedoch einen sehr **hohen Schnittaufwand** erfordert, da ab dem dritten Standjahr fast jeder Terminaltrieb über die gewünschte Länge von maximal 40–50 cm hinauswächst. Schnittkorrekturen vernarben jedoch sehr gut und sind nach einer Vegetationsperiode meist nicht mehr zu sehen. Der hohe Schnittaufwand wird wohl in vielen Betrieben

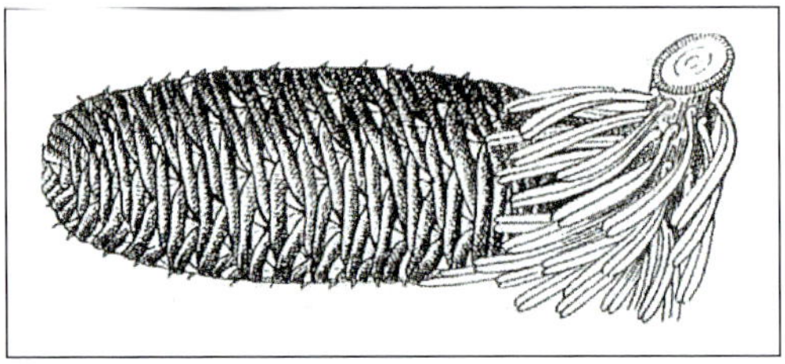

Zapfen der Veitchs Tanne

eine stärkere Verbreitung verhindern, zumal man sich auch an das doch etwas veränderte Aussehen der Terminaltriebe durch diverse Schnittkorrekturen erst gewöhnen muss. Durch das sogenannte „Shearing“ (s. Kap. „Kulturpflege“) sind allerdings bei der Veitchs Tanne sehr schöne Bäume zu erzielen.

Die Veitchs Tanne eignet sich, da sie ein **Flachwurzler** ist, auch sehr gut als **lebender Christbaum**. Sie ist zudem ein sehr guter Indikator für den Grünrüssler, da dieser die Veitchs Tanne vor allen anderen Tannenarten bevorzugt und beim Vorhandensein von Veitchs Tannen in der Kultur nur mehr diese gegen den Grünrüssler behandelt werden müssen. Außerdem ist die Veitchs Tanne ein sehr guter Partner für den Steinpilz. Überall, wo Veitchs Tannen in etwas älteren Beständen vorkommen, beginnt der Steinpilz vermehrt zu wachsen. Die Bestände müssen allerdings 15 bis 20 Jahre alt sein.

Veitchs Tanne

Ostsibirische Tanne (*Abies nephrolepis*)

Englisch: East Sibirian Fir
Herkunft: Ostsibirien, Nordchina
Stamm: Stumpfe, graurosa gefärbte, warzige Rinde
Nadeln: Dichterer Nadelbewuchs als die Veitchs Tanne. Nadeln sind auch kürzer, etwa 1–2 cm lang, oben stumpf graugrün, unten stumpf weiß in dünnen Bändern. Zerriebene Nadeln sind klebrig und riechen nach Ölfarbe.
Knospen: Austrieb im April
Zapfen: Ähnlich der *A. sibirica*, aber nierenförmige Schuppen
Ähnliche Arten: *A. veitchii, A. sibirica, A. sachalinensis*

Eignung als Christbaum und Baumschulware

Die Art ist eigentlich nicht besonders gut geeignet. Durch das Anwenden der amerikanischen Methode des „Shearing“ (s. Kap. „Kulturpflege“) entstehen jedoch sehr schöne dichte Bäume mit guter Nadelhaltbarkeit. Sie ist ein **Flachwurzler** und daher auch als Baumschulware gut geeignet. Sie wehrt sich auch nicht so wie die Veitchs Tanne gegen Triebverkürzungen.

Sachalin-Tanne (*Abies sachalinensis*)

Englisch: Sakhalin Fir
Herkunft: Nordjapan, Sachalin und Kurilen
Stamm: Schwärzlich oder purpurbraun, waagrechte Linien und rotbraune Blasen

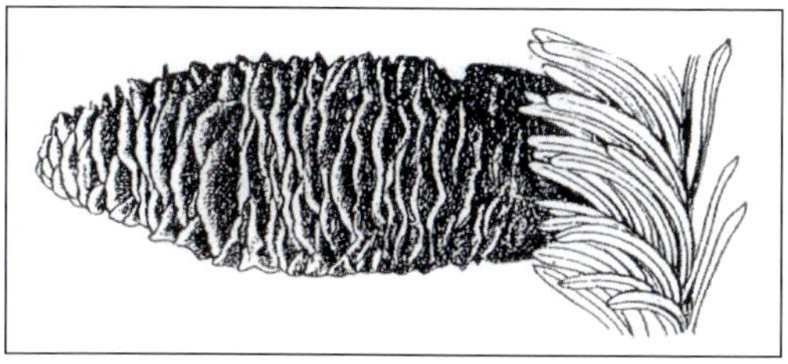

Zapfen der Sachalin-Tanne

Nadeln: Die Nadeln sind alle vorwärts gerichtet, auf der Unterseite kammartig gescheitelt, auf der Oberseite etwas ansteigend, zuerst hellgrün, später dunkelgrün. Zerriebene Nadeln duften nach Zedernholz.
Knospen: Dunkel purpurrotbraune Knospen mit purpurweißem Harz, sehr früh austreibend, dadurch frostgefährdet
Zapfen: 6 x 4 cm groß und purpurrosa mit zahlreichen waagrecht abspreizenden Fruchtschuppen

Zweige der Sachalin-Tanne

Ähnliche Arten: Sieht der *A. sibirica* verblüffend ähnlich, stellt aber völlig andere klimatische Bedingungen.

Eignung als Christbaum und Baumschulware

Wegen starker Knospenausfälle durch Frost als Christbaum und auch als Baumschulware **nicht geeignet**.

Sibirische Tanne (*Abies sibirica*)

Englisch: Siberien Fir
Herkunft: Norden Russlands, Turkmenien, Sibirien
Stamm: Wie bei *A. sachalinensis*
Nadeln: Die oft stark einwärts gebogenen Nadeln bedecken den Trieb dicht, sind 1,5–2 cm lang und blass gelblich-grün.
Knospen: Gehäuft, blassgelb bis braun und durch perlenförmiges Harz verbunden
Ähnliche Arten: *A. sachalinensis, A. nephrolepis*

Die Sibirische Tanne wird oft mit der Sachalin-Tanne oder der Ostsibirischen Tanne verwechselt oder gleichgestellt. Die feinen Nadeln, die denen des Plastikbaums am ähnlichsten sind, bedecken den Trieb oft zur Gänze. Ihre Farbe ist meist heller als die vieler anderer Tannenarten. Die Triebe sind vor allem in der frühen Jugend sehr steil nach oben wachsend und werden erst später flacher. Die Sibirische Tanne bildet einen sehr **langsam wachsenden**, aber immer **wunderschön dichten Baum** mit blassgelben

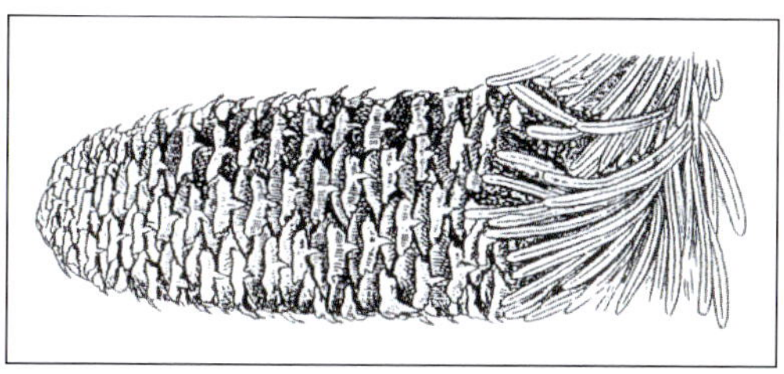

Zapfen der Sibirischen Tanne

Gut zu sehen sind die feinen Nadeln der Sibirischen Tanne.

bis braunen Knospen, die durch perlenartiges Harz miteinander verbunden sind.

Eignung als Christbaum und Baumschulware

In Größen ab 2 m sehr schöne **Bäume mit guter Nadelhaltbarkeit** und gutem Duft. Im Gegensatz zu manchen Angaben in der Literatur ist die Art völlig frostresistent. Die Bäume sind auch bei Baumschulen sehr beliebt, da sie sehr kompakt wachsen und durch ihre flachen Wurzeln auch leicht zu graben sind. Es ist allerdings sehr schwierig, konstant Samenmaterial zu bekommen.

Maries Tanne (*Abies mariesii*)

Englisch: Marie's Fir
Herkunft: Zentraljapan; unter diesem Namen ist oft *A. amabilis* in Kultur anzutreffen.

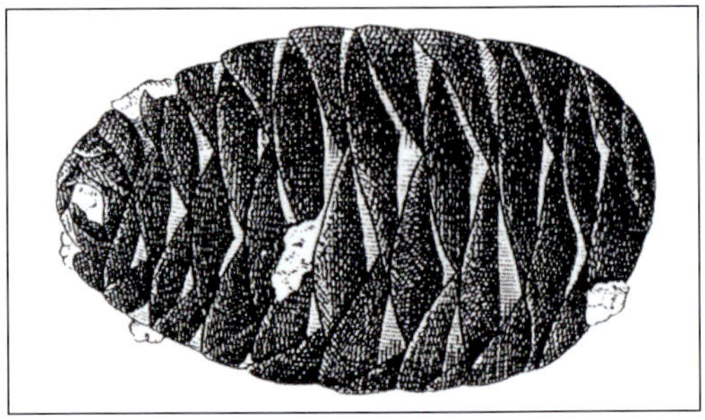

Zapfen der Maries Tanne

Stamm: Silbrig glatt mit dunkelgrauen Lentizellen gesprenkelt, mit schwarzen Ringen um die großen Astnarben
Nadeln: Die Nadeln sind 2 cm lang, dunkelgrün glänzend bis bläulich-grau, oben gefurcht, unten mit zwei silbernen Bändern. Sie sind nach vorwärts gerichtet, aber nicht angedrückt. Zerriebene Nadeln riechen nach Ingwer.
Knospen: Sehr harzig
Zapfen: 10 x 5 cm, eilänglich, glatt, dunkelpurpurblau
Ähnliche Arten: *A. amabilis, A. procera*

Eignung als Christbaum und Baumschulware

Als Christbaum nicht geeignet, wird die Art für die **Reisigproduktion** verwendet, sie kommt aber nicht an *A. procera* heran. Auch für Ballenware ist die Art nicht geeignet, da starke Knospenausfälle und unregelmäßiger Wuchs vorherrschen.

Momi-Tanne (*Abies firma*)

Englisch: Momi Fir
Herkunft: Südjapan
Stamm: Graurosa, glatt mit waagrechten Harzblasen, später schuppig werdend, an alten Bäumen blassgrau, dick, korkig und rau
Nadeln: In Form und Größe variierend, aber doch ausgeprägt, dick lederartig und starr. Die Oberseite ist heller oder dunkler gelblich-grün. Unterhalb sind sie mit grauen oder weißlichen Bändern versehen. Sie sind 2–4 cm lang, scharf

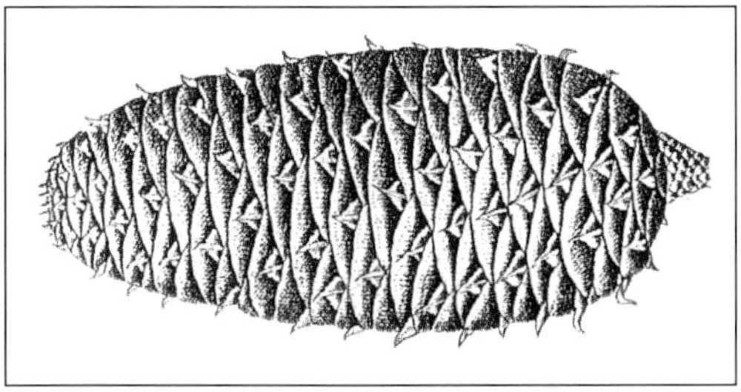

Zapfen der Momi-Tanne

zweispitzig und stehen in zwei dichten Reihen. Die Krone wird sehr breit.
Knospen: Dick, eiförmig und stumpf, glänzend rot und grün
Zapfen: 8 x 4 cm, zylindrisch kegelförmig, dunkel gelbgrün, Schuppen breit nierenförmig, fein gezähnt, Deckschuppen 3–4 mm vorragend, hell gelbgrün
Ähnliche Arten: *A. recurvata, A. homolepis*

Eignung als Christbaum und Baumschulware
Als Christbaum ist die Art nicht geeignet. Sie hält auch die Nadeln relativ schlecht. Auch als Ballenware kann sie nicht empfohlen werden. Die Momi-Tanne stellt jedoch ein schönes Stück **für Sammler** dar, da sie die wahrscheinlich dicksten Nadeln aller Tannen aufweist.

Min-Tanne (*Abies recurvata*)

Englisch: Min Fir
Herkunft: West Setschuan, China
Stamm: Rosabraun oder orangebraun, feine Schuppen mit grauer Rinde, klein papierartig senkrecht abrollend
Nadeln: Ähnlich wie bei *A. firma*, aber kleiner. Die auf der Triebunterseite stehenden Nadeln sind teilweise rückwärts gekrümmt, scharf zugespitzt, dick, derb, dunkelgelbgrün und 2–2,3 cm lang.
Knospen: Eiförmig und stark verharzt
Zapfen: Eiförmig, zur Basis hin viel schlanker werdend, oben rund, 6 x 3 cm, dunkel purpurblau, Deckschuppen 2 mm vorragend, aber dicht angedrückt
Ähnliche Arten: *A. firma*

Eignung als Christbaum und Baumschulware
Als Christbaum ist die Art nicht brauchbar, sie weist sehr **unregelmäßige, spitze Nadeln** auf. Auch als Baumschulware nicht brauchbar, stellt allerdings ein schönes **Sammlerstück** dar.

Mandschurische Tanne (*Abies holophylla*)

Englisch: Mandschurian Fir
Herkunft: Mandschurei, Korea
Stamm: Graurosa bis purpurfarben, orangebraun, glatt, fein schuppig
Nadeln: Bis zu 4 cm lang, sehr schmal, linealisch mit scharfer Spitze, leicht vorwärts gerichtet, oben hellgrün glänzend, unten mit zwei graugrünen schmalen Bändern
Zapfen: 12 x 3,5 cm, zylindrisch, glatt, blassgrün
Ähnliche Arten: *A. homolepis, A. pindrow*

Eignung als Christbaum und Baumschulware
Durch seine **spitzen Nadeln** und die **schlechte Nadelhaltbarkeit** ist der Baum nicht als Christbaum geeignet. Er liefert auch keine ansprechende Ballenware.

Pindrow-Tanne (*Abies pindrow*)

Englisch: Pindrow Fir
Herkunft: Afghanistan bis Nepal, in Mitteleuropa kaum winterhart.
Stamm: Glatt und kahl
Nadeln: Die Nadeln sind 5–7 cm lang, ziemlich weich, locker stehend, kaum gescheitelt und glänzend dunkelgrün.
Knospen: 5–7 mm dicke kugelige, harzige, dunkelrote bis weiße Knospen
Zapfen: 12 x 6 cm, eiförmig zylindrisch, glatt, schieferblau

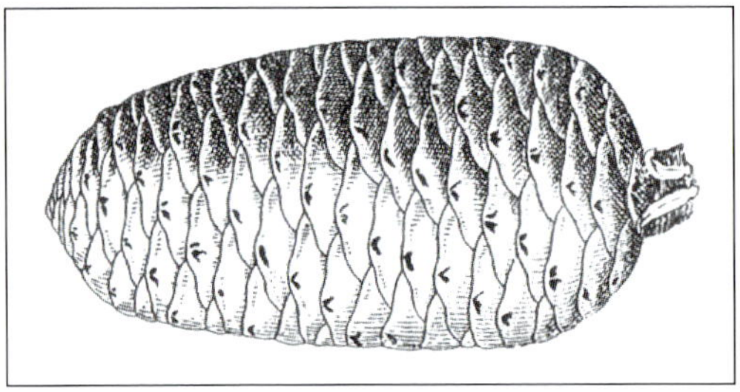

Zapfen der Pindrow-Tanne

Variation: *Abies pindrow* var. *brevifolia*: Diese Variation hat kurze Nadeln.
Ähnliche Arten: *A. homolepis, A. holophylla*

Eignung als Christbaum und Baumschulware

Für Mitteleuropa ist die Art nicht geeignet.

Pindrow-Tannen-Zweige

Himalaja-Tanne (*Abies spectabilis*)

Englisch: Himalayan Fir
Herkunft: Afghanistan bis Bhutan in größeren Höhen als *A. pindrow* und weiter östlich gehend; wird für Mitteleuropa als kaum winterhart gehandelt, wobei ich diese Meinung nur bedingt teilen kann.
Stamm: Viele neue Gipfeltriebe und Wasserschosse am Stamm
Nadeln: Gescheitelt auf der Oberseite, abwärts gekrümmt, sehr dicht stehend, bis zu 6 cm lang, oben dunkelgrün
Knospen: Eiförmig, dick, 1 cm lang, weiß von Harz, sonst gelbbraun
Zapfen: Zylindrisch, 12–18 x 7 cm groß, glatt, blau, oben abgerundet. Bleiben bis zum Frühjahr am Baum und zerfallen sehr lange nicht und ist dann dunkelpurpurfarben
Ähnliche Arten: *A. pindrow, A. delavayi, A. fargesii*

Eignung als Christbaum und Baumschulware

In Mitteleuropa wird die Art wegen ihrer starken Knospenausfälle und **Frostempfindlichkeit** nicht kultiviert. Sie ist allerdings ein schönes Stück für Sammler, vor allem durch ihren frühen Zapfenbesatz und wegen der gedrungenen tiefblauen Zapfen. Bedauerlicherweise ist sie aber praktisch nicht zu bekommen.

Schöne dunkle Zapfen der Himalaja-Tanne

Nikko-Tanne (*Abies homolepis*)

Englisch: Nikko Fir
Herkunft: Zentraljapan
Stamm: Den Fichtenarten weit ähnlicher als den Tannen
Nadeln: Sehr dicht stehend und ziemlich steif, in einer Doppelspitze endend, auf der Triebobserseite aufwärts und seitwärts gerichtet, Basis verschmälert. Farbe ist sehr hellgrün bis gelbgrün.
Zapfen: Fassförmig, 8 x 4 cm groß, purpurblau, glatt, Schuppen mit roten Spitzen, zur Reifezeit im September braun
Ähnliche Arten: *A. chensiensis, A. spectabilis, A. holophylla*

Die Nikko-Tanne wird mitunter als der **japanische Nationalbaum** bezeichnet. Ihr natürliches Areal sind die Berge Mitteljapans zwischen dem 36. und 38. Breitengrad in Höhen von 650–2.000 m. Meist bildet sie gemeinsam mit der Japanischen Lärche und der Japanischen Buche Mischwaldungen. In tieferen Lagen ist sie auch in Verbindung mit der Japanischen Tanne, in höheren Lagen in Verbindung mit der Veitchs Tanne zu finden. Nach Europa wurde diese Art 1854 eingeführt; sie hat sich in West- und Mitteleuropa gut akklimatisiert, regelmäßigen Zuwachs gezeigt und ist völlig winterhart. Trotzdem ist diese Tannenart nicht so weit verbreitet, wie sie es wegen ihres Aussehens verdienen würde.

Sie ist ein in regelmäßigen Wirteln verzweigter Baum mit hohem, unverzweigtem Stamm, dessen Äste normalerweise schräg nach oben ragen. In der Jugend bildet er so eine völlig regelmäßige kegelförmige Krone und eignet sich daher ganz ausgezeichnet als Weihnachtsbaum. Die Nikko-Tanne besitzt meist nur drei bis vier Seitentriebe pro Quirl. Ein sehr gutes Erkennungsmerkmal sind die jungen Zweige, die tief gefurcht sind (die meisten Tannenarten haben glatte Zweige) und so fast an die Furchung

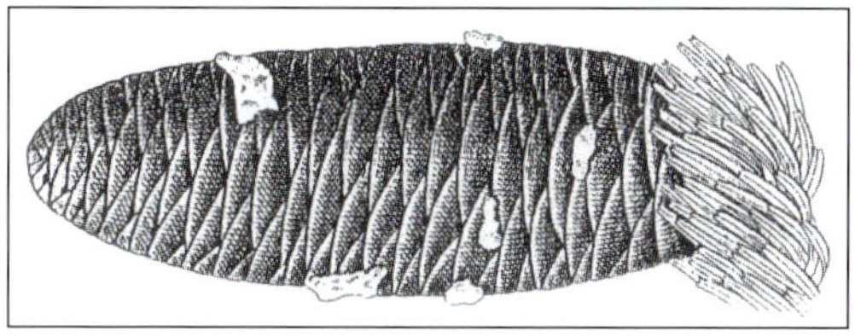

Zapfen der Nikko-Tanne

der Fichten erinnern. Die Knospen sind eirund bis stumpfkegelig und harzig. Die Seitennadeln sind meist länger (bis 3 cm), die mittleren kürzer (1–2 cm). Die spitz zulaufenden Enden stechen nicht, glänzen auf der Oberseite dunkelgrün und zeigen an der Unterseite zwei breite weiße Streifen. Sehr ähnlich, aber meist etwas dunkler ist *A. holophylla*, die Mandschurische Tanne, diese ist allerdings sehr frostgefährdet.

Eignung als Christbaum und Baumschulware

Die Nikko-Tanne ist ein attraktiver Baum, der es verdienen würde, stärkere Verbreitung zu finden. Sie weist einen sehr regelmäßigen Wuchs auf,

Nikko-Tanne

da sie **von allen Tannenarten am spätesten austreibt** und daher kaum Probleme mit Spätfrösten hat. Die mitunter etwas helle Farbe der Nadeln kann sehr gut mit einer Stickstoffgabe im Herbst korrigiert werden. Die Nikko-Tanne benötigt auch fast keine Beschneidung, da sie normalerweise weder zu breit wird noch zu schnell wächst. Als **Flachwurzler** eignet sie sich auch sehr gut für einen Verkauf als lebender Christbaum. Etwas entwerten könnten den Baum lediglich seine etwas spitzen Nadeln und die Tatsache, dass seine Rinde an die einer Fichte erinnert. Auch das Nadelhaltevermögen reicht nicht an das einer Nordmannstanne heran.

Schensi-Tanne (*Abies chensiensis*)

Englisch: Chensien Fir
Herkunft: Südwestchina
Stamm: Ähnlich *A. recurvata*, teilweise auch in diese übergehend

Schensi-Tanne

Nadeln: Hart zweizeilig stehend, flach ausgebreitet, gelbgrün, unten mit grünlich-weißen Bändern und scharf zweispitzig, 2,5–5 cm lang
Knospen: Groß, hell, harzig
Zapfen: Mit verdeckten Deckschuppen, sonst ähnlich *A. firma*
Ähnliche Arten: *A. recurvata, A. firma*

Eignung als Christbaum und Baumschulware

In Europa ist die Art weder als Christbaum noch als Ballenware brauchbar.

Delavays Tanne (*Abies delavayi*)

Englisch: Delavay's Silver Fir
Herkunft: Südwestchina
Stamm: Blassbraun und schuppig, Äste leicht ansteigend
Nadeln: Frischgrüne, am Rand längs eingerollte Nadeln, dadurch sind die breiten weißen Bänder meist verdeckt und nur die hellgrüne Mittelrippe ist sichtbar.
Knospen: Rotbraun und vorragend
Zapfen: Schon häufig an jungen Bäumen, fassförmig mit flacher Spitze, 9 x 4,5 cm, blaupurpur, Deckschuppen lang zugespitzt, 5 mm weit vorragend

Variationen

Abies delavayi var. *forrestii*: Nadeln rings um den Trieb gestellt und vorwärts gerichtet oder oben leicht gescheitelt, 2–4 cm lang, oben glänzend dunkelgrün, unterhalb zwei glänzende weiße, breite Bänder
Abies delavayi var. *georgii*: Wahrscheinlich eine Höhenform von *A. delavayi* var. *forrestii*, kurze Nadeln, größere Zapfen, 12 x 5 cm
Abies delavayi var. *fabri*: Zapfen lang, eiförmig, 8 x 3 cm, Deckschuppen meist als gedrehte Dornen
Abies delavayi var. *faxoniana*: Sehr ähnlich wie *Abies delavayi* var. *fabri*, Nadeln oft mit blasser Spitze, Unterseite meist grünlich-weiß

Delavays Tanne

Eignung als Christbaum und Baumschulware

Wie fast alle Arten aus China ist die Art in Mitteleuropa nicht als Christbaum brauchbar, da sie durch starke Knospenausfälle unregelmäßig wächst und eine **schlechte Nadelhaltbarkeit** aufweist.

Fargestanne (*Abies fargesii*)

Englisch: Farges' Fir
Herkunft: Westchina, Hupeh und Setschuan
Stamm: Rosagrau und sehr glatt
Nadeln: Groß, dick, lederartig, 4–4,5 cm lang, glänzend, dunkelgelblich-grün, zweispitzig, Spitze verschmälert. Unterseite mit zwei schmalen graugrünen Bändern und erhabener Mittelrippe.
Knospen: Eiförmig und gelbbraun
Ähnliche Arten: *A. sutchuenensis, A. delavayi*

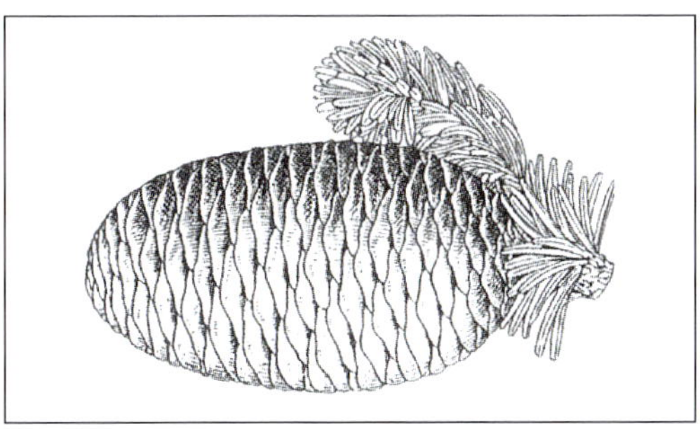

Zapfen der Fargestanne

Fargestanne

Eignung als Christbaum und Baumschulware

Von allen chinesischen Arten die schönste und robusteste, was die Frosthärte und die Knospenausfälle angeht, aber wegen der **schlechten Nadelhaltbarkeit** ist sie als Christbaum kein Thema. Sie stellt einen schönen Baum für Parks und Vorgärten dar und ist daher als Ballenware brauchbar.

Sutchuen-Tanne (*Abies sutchuenensis*)

Englisch: Sutchuen Fir
Herkunft: China, West-Kansu
Stamm: Rosagrau, feinrissig und schuppig
Nadeln: Dunkel, glänzend-grün, unterseits mit zwei breiten, hellen oder grünlich-weißen Bändern, 1–2,5 cm lang, schmal, dick, stumpf, abgerundet
Knospen: Eiförmig, purpurrotbraun; mitunter wird kein Leittrieb ausgebildet, und es entsteht ein breiter flacher Busch.

Zapfen: 7 x 3,5 cm groß, zylindrisch, stumpf abgerundet, dunkelblaupurpur, Deckschuppen als schmale Dornen vorragend
Ähnliche Arten: Sieht aus wie eine kleinnadelige Form von *A. fargesii*

Eignung als Christbaum und Baumschulware

Für beides nicht geeignet.

Schuppentanne (*Abies squamata*)

Englisch: Flaky Fir
Herkunft: China, West-Setschuan
Stamm: Von allen anderen Arten durch die Rinde abweichend. Die Rinde ist kräftig orange oder rosabraun gefärbt, alte Rinde ist papierartig abrollend und in großen Stücken am Stamm verbleibend.
Nadeln: Bis 2,5 cm kurz, linealisch, plötzlich kurz zugespitzt, oben sehr grau, sonst dunkelgraugrün, ziemlich steif, auf der Oberseite des Triebes sehr dicht und fast senkrecht stehend

Zu sehen sind die namengebenden Schuppen.

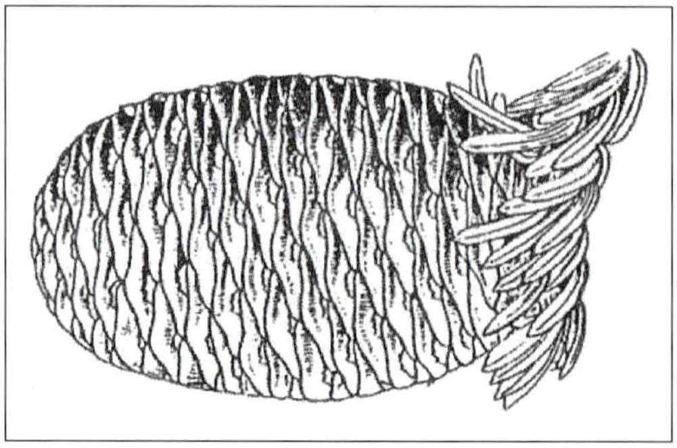

Zapfen der Schuppentanne

Zapfen: Hoch eiförmig, tief purpurblau, 5,5 x 3 cm, Deckschuppen 6–8 mm vorragend und herabgebogen
Ähnliche Arten: Mit keiner anderen Tannenart vergleichbar

Eignung als Christbaum und Baumschulware

In Mitteleuropa ist die Art nur in den besten Lagen winterhart, was sie **als Christbaum unbrauchbar** macht. Sie ist jedoch ein interessantes Sammlerstück.

Korea-Tanne (*Abies koreana*)

Englisch: Korea Fir
Herkunft: Insel Quelpart und Korea
Stamm: Glänzend dunkelolivbraun bis schwarz, deutlich mit Lentizellen gesprenkelt
Nadeln: 2 x 0,2 cm klein, stumpf und ausgerandet, fast rings um den Trieb stehend, oben dunkelgrün, oft weiß an der Spitze, unten mit zwei weißen Bändern versehen
Abies koreana „Blauer Pfiff": Blaunadelige Form der Korea-Tanne, häufig angebaut (aus Kreuzung und Selektion mit *A. lasiocarpa* entstanden, Züchter Wittbold Müller)
Knospen: Klein, eiförmig, zuerst blassbraun, bald reinweiß, harzig
Zapfen: 7 x 2 cm, länglich fassförmig, sehr früh auftretend, dunkelblau oder olivgrün, in vollreifem Zustand braun und oft sehr harzig

Korea-Tanne

Variation: *Abies arnoldiana:* In der Literatur als Hybrid von *A. koreana* x *A. veitchii* angegeben, in Europa sehr häufig ein Hybrid aus *A. koreana* x *A. alba*, Zapfen haben am oberen Ende eine kleine Erhebung, Nadeln sind in der Regel etwas länger.
Ähnliche Arten: Eigentlich einzigartig mit vielen Varianten in den Baumschulen, vom schönen Baum bis zum Bodendecker.

Die Heimat der Korea-Tanne ist, wie schon der Name sagt, die koreanische Halbinsel. Sie liebt sonnige Lagen auf nicht zu trockenen Böden, ist ansonsten außerordentlich standorttolerant, verträgt aber nur einen sehr geringen Kalkgehalt des Bodens.

Die Korea-Tanne ist ein kleiner bis mittelgroßer, relativ rasch wachsender Baum, der in seiner Heimat eine Höhe von 20 m erreicht, in Europa aber meist nur 10–12 m hoch wird. Sie weist einen breit- bis schmalkegelförmigen Wuchs auf und trägt bereits in jungen Jahren als kleiner Baum (oft schon mit einer Höhe von 1 m) die ersten Zapfen. Ihre Nadeln sind auffällig kurz, stumpf, an der Spitze abgerundet und stehen rund um die Triebe verteilt. Sie besitzen auf der Unterseite auffallend weiße Spaltöffnungsreihen. Die männlichen Blüten sind hellgelb, die weiblichen hellpurpurfarben, 2–4 cm groß und aufrecht.

Eignung als Christbaum und Baumschulware

Die Korea-Tanne erweist sich in Christbaumkulturen als äußerst **unkompliziert**, **anspruchslos**, **frosthart** und **widerstandsfähig** gegenüber Schädlingen. Sie ist nicht nur deshalb, sondern auch wegen ihrer durchaus ansprechenden Form auf den Christbaummärkten stark auf dem Vormarsch. Der Baum kommt auch den steigenden Wünschen nach schlanken Bäumen sehr entgegen, da er einerseits

Blaue Variante „Blauer Pfiff"

einen durchaus schlanken Wuchs aufweist, andererseits sehr leicht durch den Schnitt in diese Richtung getrimmt werden kann. Der beschnittene Baum setzt sehr gerne zusätzliche Knospen am Terminaltrieb an und wird dadurch dichter und schöner. Auch die Nadelhaltbarkeit ist sehr gut.

Durch ihre Robustheit und den Umstand, dass es sich bei dieser Art um einen **Flachwurzler** handelt, eignet sich die Korea-Tanne auch so gut wie keine andere Tanne für die **Verwendung als lebender Christbaum**. Alles in allem ist *Abies koreana* eine Baumart, die gewiss Zukunft auf den Christbaummärkten hat und ihre Prozentsätze am Markt sicher noch vergrößern wird. Es tauchen zudem bei der Korea-Tanne immer wieder neue Variationen bzw. Kreuzungen und Selektionen auf. Eine davon wäre *Abies koreana* „Blauer Pfiff". Diese ist aus einer Kreuzung mit der Korktanne entstanden, von der sie auch ihre Farbe hat. Sie ergibt sehr schöne Bäume, ist allerdings nicht so robust und unempfindlich wie ihre grüne Mutter. Die Korea-Tanne ist auch für die „Shearing"-Methode ganz ausgezeichnet geeignet. Die frühe Fruchtbarkeit, d. h. der frühe Besatz mit Zapfen ist vor allem für geschnittene Christbäume nicht ideal, da diese spätestens in der Wohnung in ihre Einzelteile zerfallen und viel Mist verursachen.

Spanische Tanne (*Abies pinsapo*)

Englisch: Spanish Fir
Herkunft: Südspanien, Ronda
Stamm: Dunkelgrau, zuerst rau gesprenkelt, dann unregelmäßig zerrissen und schuppig, alte Bäume haben schwarze und fein raue Rinde.
Nadeln: Überall radial abstehend, 1–2 cm kurz, 2–3 mm dick und steif, lederartig mit breiter Basis, Spitzen breit abgerundet, unterschiedlich graugrün bis graublau auf beiden Seiten

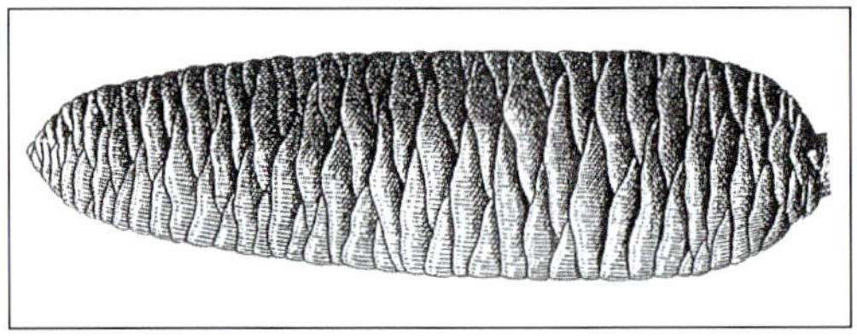

Zapfen der Spanischen Tanne

Knospen: Eiförmig, 3–5 mm, purpurbraun mit blassbrauner Spitze
Zapfen: Zylindrisch verjüngt, bis 10 cm lang, blassgrün im Sommer
Ähnliche Arten: *A. cephalonica, A. vilmorinii*

Eignung als Christbaum und Baumschulware

Wegen ihrer **spitzen Benadelung** ist die Art nicht geeignet als geschnittener Baum, sehr wohl aber als Ballenware.

Spanische Tanne

Felsengebirgstanne (*Abies lasiocarpa*)

Englisch: Alpine Fir
Variationen
Abies lasiocarpa var. *lasiocarpa* (Felsengebirgstanne)
Herkunft: Westliches Nordamerika, Cascade Mountains
Nadeln: Grün bis silbrig, in der Jugend steil nach oben stehende Äste, später etwas flacher
Abies lasiocarpa var. *arizonica* (Korktanne)
Herkunft: Arizona, Colorado, New Mexico
Stamm: Ältere Bäume haben eine grau-gelbliche korkartige Rinde (namensgebend)
Krone: Schmal, kegelförmig, meist elegant, regelmäßig bis zur Spitze
Nadeln: Kammförmig gescheitelt, erscheinen dunkelblau, oberseits weißes Mittelband, unterseits zwei weiße Streifen, 2–3 cm lang. Zerriebene Nadeln duften nach Balsam.
Zapfen: 15 x 7 cm lang, fassförmig, braun, Schuppen behaart, Zapfen früh zerfallend
Ähnliche Arten: Sieht der Blaufichte mitunter sehr ähnlich, unterscheidet sich allerdings durch die weichen Nadeln. Unter den Tannenarten einzigartig.

Die natürlichen Vorkommen der Felsengebirgstanne erstrecken sich von Nord- bis Westamerika, von Alaska bis New Mexico. Sie ist, wie der Name schon sagt, eine Baumart des Hochgebirges. In den Rocky Mountains bildet sie gemeinsam mit der Engelmannsfichte und der Berg-Hemlocktanne die oberste Waldgrenze, und daher fühlt sie sich vor allem auf kühlen und feuchten Standorten sehr wohl. Ihre Ansprüche an die Bodenbeschaffenheit und an den Nährstoffgehalt sind gering, nur Böden mit hohen Kalkgehalten und sehr lehmige Böden sind zu meiden.

Die Felsengebirgstanne ist ein großer Baum, der in seiner Heimat Höhen bis 50 m erreicht, in Europa aber nicht mehr als 30 m hoch wird. Sie wächst vor allem in der Jugend sehr langsam. Ihre Kronenform ist äußerst schmal bis nahezu säulenförmig. Diese Tannenart wurde bisher bei uns sehr selten angepflanzt, wäre aber als Solitärpflanze durch ihren schlanken Wuchs eine durchaus attraktive Erscheinung. Für die Forstwirtschaft ist sie wegen der geringen Produktion bedeutungslos.

Eignung als Christbaum und Baumschulware

Die **Felsengebirgstanne** zeichnet sich durch ein sehr ansprechendes Erscheinungsbild sowie durch einen **außergewöhnlich guten Duft der Nadeln** aus, doch der Produktionszeitraum ist durch den sehr langsamen Wuchs fast als zu

Felsengebirgstanne

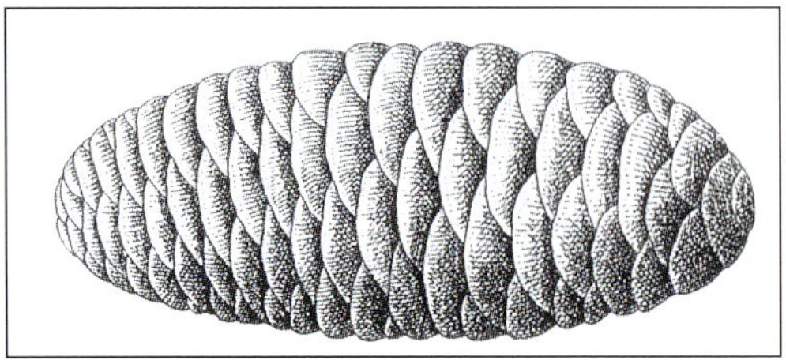

Zapfen der Felsengebirgstanne

lang einzustufen. Zudem beginnt sie als Baumart des Hochgebirges in tieferen Lagen meist zu früh mit dem Austrieb, sodass Spätfrostschäden als unweigerliche Folge auftreten können.

Wesentlich interessanter dagegen scheint die Varietät *A. lasiocarpa* var. *arizonica* – die **Korktanne** – zu sein. Sie ist in Arizona beheimatet und deshalb auch an wärmere Lagen angepasst. Neben ihrer **reizvollen blauen Nadelfarbe** bietet sie auch den Vorzug eines **raschen Jugendwachstums**. Dabei bildet auch die Korktanne eine sehr regelmäßige schmale Krone aus. Die Korktanne dürfte, wenn sie die Praxistests besteht, in Zukunft wohl öfter am Markt zu sehen sein.

Die Korktanne ist auch als Baumschulware sehr gefragt, und wegen ihrer mitteltiefen Wurzeln auch als Ballenware sehr gut geeignet. Sie verliert gerne im Herbst eine Partie Nadeln im Inneren des Baumes, was jedoch für ihre Eignung als Christbaum kein Problem darstellt, da der Nadelfall meist im November abgeschlossen ist. *A. lasiocarpa* hat bei allen Nadelungsversuchen neben *A. procera* immer am besten abgeschnitten.

Besonders wichtig wäre es hier, eine gute Herkunft zu finden; einerseits, um geringere Knospenausfälle zu gewährleisten, und andererseits, um eine regelmäßigere Blaufärbung zu erzielen. Die Korktanne könnte durch ihre große Ähnlich-

Landschaft mit Felsengebirgstannen

keit mit der Blaufichte dieses einst sehr starke Segment am Christbaummarkt ersetzen bzw. wiedererobern. Leichte Korrekturarbeiten sind jedoch fast immer erforderlich, um Topqualitäten zu erzielen.

Die Korktanne ist ähnlich gefärbt wie die Blaufichte.

Korktanne

Edeltanne (*Abies procera*, *Abies nobilis*)

Englisch: Nobel Fir; auch Nobeltanne
Herkunft: Washington, Oregon; hauptsächlich in der blauen Form sehr verbreitet
Stamm: Blass silbergrau oder stumpf rötlich, zuerst glatt mit Harzblasen, später flach gefeldert
Nadeln: Gescheitelt auf der Unterseite, oben dichter, die mittleren Reihen viel kürzer, 1–3,5 cm lang, derb, oben gefurcht und flach, dunkelgraugrün bis blaugrau
Zapfen: Groß, zylindrisch, nach oben etwas verjüngt, 20–25 x 8 cm, blass purpurbraun, erscheinen aber blassgrün, an der Basis verbreitete, aber zurückgeschlagene Deckschuppen
Ähnliche Arten: *A. magnifica*

Auf seiner Pionierreise durch den heutigen Staat Oregon entdeckte David Douglas 1825 im Kaskadengebirge, unweit des Flusses Columbia, eine schöne, erhaben aussehende Tanne und nannte sie – damals noch zur Gattung der Kiefern rechnend – *Pinus nobilis*. Später kam es zu taxonomischen und nomenklatorischen Veränderungen, doch auch heute findet man sie in der Literatur noch häufig unter der Bezeichnung *Abies nobilis*. Sie wächst außerdem in begrenzten Küstenarealen zwischen den Staaten Washington und Nord-Kalifornien. Im Siska- und Kaskadengebirge bildet sie mit der Hemlocktanne, dem Riesenlebensbaum, der Strobe und weiteren Baumarten Wälder in Höhenlagen von 600 bis 2.000 m. Die Bäume können bis zu 600 Jahre alt werden. Nach England wurde die Art um 1830 gebracht.

Die Rinde der Edeltanne ist im Alter rotbraun gefurcht. Die kugeligen bis eiförmigen Knospen liegen unscheinbar zwischen den Nadeln verborgen und sind schwach harzig. Die spitzen Nadeln sind blaugrün gefärbt, bereift und überwiegend sensenartig gekrümmt. Im Gegensatz zur Colorado-Tanne sind sie wesent-

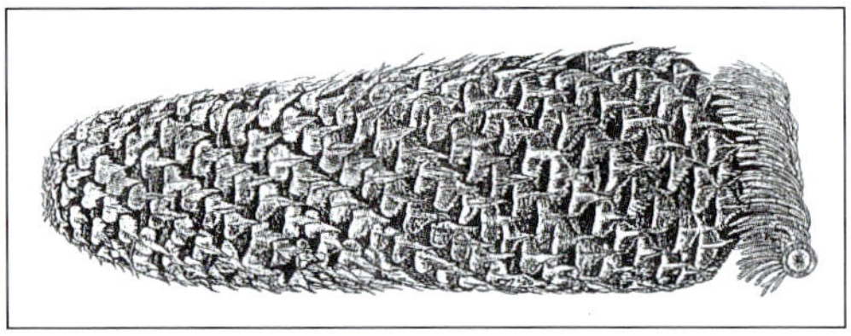

Zapfen der Edeltanne

lich kürzer, verlaufen erst etwas parallel zum Zweig, um sich dann jäh nach außen zu krümmen. Die Benadelung der Zweige ist sehr dicht, jedoch unregelmäßig.

Eignung als Christbaum und Baumschulware

Die Edeltanne gibt mitunter sehr ansprechende Bäume ab, stellt aber sehr **hohe Ansprüche an Boden und Klima**. Sie liebt lockere, humose, tiefgründige Böden mit ausgewogenem Wasserhaushalt und benötigt außerdem volle Sonneneinstrahlung bei gleichzeitig hoher Luftfeuchtigkeit. Auf nicht optimalen Böden neigt sie sehr schnell zu unregelmäßigem und sehr langsamem Wuchs, auf schweren und kalkhaltigen Böden gedeiht sie gar nicht. Interessant ist der Baum für die Gewinnung von **Schmuckreisig**. Hier können sehr gute Preise erzielt werden, die Bäume brauchen allerdings ein höheres Alter, damit sie regelmäßig beerntet werden können.

Pazifische Edeltanne

Die Art wurde vor allem auch in Dänemark als Alternative zur Nordmannstanne gepflanzt, wird aber als Christbaum keine große Zukunft haben. Größere Mengen an *A. nobilis* sind zwischenzeitlich auch aus Irland importiert worden. Dort sind die Produktionsbedingungen für die Edeltanne durch die hohe Luftfeuchtigkeit und entsprechende Böden wesentlich besser als bei uns. Gute Qualität ist nur durch eine gezielte Herkunftswahl sowie durch eine konsequente Qualitätsbeschneidung erreichbar. Ein weiterer Grund, warum sich die Edeltanne als Christbaum nicht durchsetzen wird, obwohl sie die beste Nadelhaltbarkeit aufweist, ist der etwas **unangenehme Geruch**, den sie in der warmen Wohnung mitunter verbreitet.

Prachttanne (*Abies magnifica*)

Englisch: Red Fir
Herkunft: Oregon, Kalifornien
Stamm: Dunkelgrau oder rötlich-grau, dick, korkig, mit bogenförmigen Rissen, mit vielen schwarzen Astnarben. Alte Bäume haben eine dunkelrote Rinde. Stamm oft an der Basis fassförmig und oben stark verjüngt.
Nadeln: Oben locker stehend, nicht gescheitelt, 4 cm lang, also deutlich länger als bei der sehr ähnlichen *A. procera*, auch schmäler und weicher, Querschnitt fast kreisrund
Zapfen: 20 x 10 cm groß, fassförmig, glatt, blassgoldgrün
Variation: *Abies magnifica* var. *shastensis*: Zapfen bis 23 cm mit vorragenden Deckschuppen
Ähnliche Arten: *A. procera, A. concolor*

Eignung als Christbaum und Baumschulware

In Mitteleuropa ist diese Art noch viel schwieriger zu produzieren als *A. procera*, da sie **sehr empfindlich** auf Boden, Klima, Pilze, Hitze etc. reagiert. Daher kommt sie auch sehr selten vor und ist, obwohl ein wunderschöner Baum, als Christbaum nicht geeignet. Als Sammlerstück ist die Prachttanne sehr gefragt.

Santa-Lucia-Tanne (*Abies bracteata*)

Englisch: Santa Lucia Fir
Herkunft: Santa Lucia Gebirge, Montery, Kalifornien; in Mitteleuropa nur in sehr geschützten Lagen winterhart
Stamm: Rötlich-schwarz, um die Astnarben sehr runzelig, bei jungen Bäumen glatt dunkelgrau
Nadeln: Bis zu 5 cm lang, hart mit dorniger Spitze, oben dunkelgrün
Knospen: Sehr spitz, für Tannen untypisch
Zapfen: Nur an ganz großen Bäumen, 10 cm lang, ungewöhnlich durch die 5 cm langen, grannenartigen, weit vorragenden Deckschuppen
Ähnliche Arten: *A. pindrow, A. spectabilis, A. chensiensis, A. fargesii*; diese Arten haben aber alle runde Knospen und sind daher von *A. bracteata* gut zu unterscheiden.

Eignung als Christbaum und Baumschulware

In Mitteleuropa ist die Santa-Lucia-Tanne eigentlich **nicht winterhart**. Daher ist sie auch nicht brauchbar und wird nicht kultiviert.

Spitze Nadeln, ungewöhnliche Zapfen

Riesentanne (*Abies grandis*)

Englisch: Grand Fir
Herkunft: Nord Vancouver, Island und südliches Britisch-Kolumbien, nach Süden bis zum Navarro River in Kalifornien
Stamm: Junge Bäume bräunlich-grau, mit Harzblasen, an alten Bäumen stumpfgrau in kleine Felder zerbrechend, die Bäume werden in ihrer Heimat bis zu 100 m hoch.
Nadeln: Sehr flach gescheitelt, 2–5 cm lang, oberseits glänzend dunkelgrün, zerrieben sehr aromatisch nach Zitrusfrüchten duftend.
Knospen: Eiförmig und glasig harzig
Zapfen: Klein zylindrisch, 8 x 4 cm, oben verjüngt, zuerst hellgrün, im reifen Zustand rotbraun
Ähnliche Arten: *A. concolor* var. *lowiana*

Die Riesentanne, auch Große Küstentanne genannt, ist wohl die **größte Tannenart der Welt**. In ihrer Heimat, dem Westen Nordamerikas, von Britisch-Kolumbien bis Nord-Kalifornien und nach Osten bis Montana, wächst sie bis auf Höhen von 2.000 m, die größten Exemplare aber wachsen in Küstenregionen. Im Jahr 1831 kam sie nach England. Sie steht nur selten in reinen Beständen, häufiger stellt sie bloß ein Beiholz in Mischwäldern dar. Die Riesentanne wächst sehr schnell, wodurch ihr Holz nicht besonders wertvoll ist, und erreicht auch kein sehr hohes Alter (max. 200 bis 250 Jahre).

Eignung als Christbaum und Baumschulware

Die Riesentanne bringt auf fast allen Böden sehr schöne Bäume hervor, lediglich stark kalkhaltige Böden sowie schwere Lehmböden mit stauender Nässe sind zu meiden. Herkünfte aus dem Kaskadengebirge sind weitgehend resistent gegenüber Winter- und Spätfrösten. Die Riesentanne wächst zwar sehr schnell, „garniert" sich aber im Bereich der Internodien wunderbar auf, sodass eine Längenkorrektur

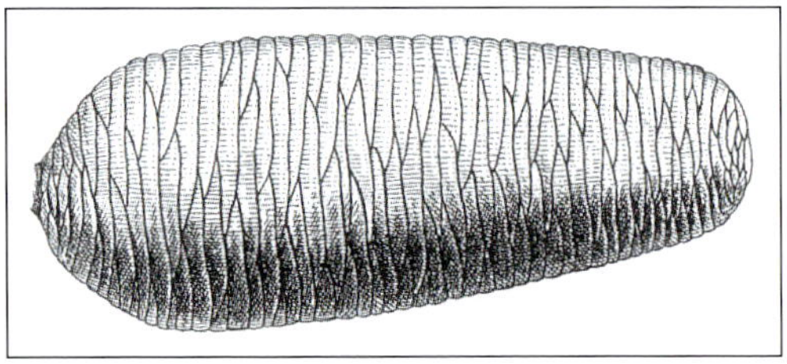

Zapfen der Riesentanne

normalerweise nicht notwendig ist. Ihr intensiv **zitronenartiger Duft** ist in gewisser Weise ein Verkaufsschlager am Weihnachtsmarkt. Größere Probleme gibt es mitunter bei der Riesentanne mit der *Rhizosphaera*, einer Pilzerkrankung, die sie mitunter vor dem Winter kahl werden lässt, da die Nadeln im Sommer braun werden und schließlich abfallen. Dadurch wird sie heute nur sehr begrenzt als Christbaum angebaut. Eine vorbeugende Behandlung ist beim geringsten Auftreten dieser Pilzkrankheit empfehlenswert.

Riesentanne

Die Riesentanne ist ein Tiefwurzler und daher als lebender Christbaum, wenn überhaupt, nur bis zu geringen Höhen ratsam. Für forstliche Zwecke wird sie in ganz Europa versuchsmäßig angebaut.

Colorado-Tanne (*Abies concolor*)

Englisch: Colorado White Fir
Herkunft: Südkalifornien, Utah und Colorado bis Mexiko
Stamm: Dunkelgrau, glatt mit vielen Harzdrüsen
Nadeln: Gleichmäßig, stumpf, blaugrau, unterseits dick lederartig, bis 5,5 cm lang, die Triebe duften stark nach Zitrone.
Zapfen: Glatt, blau bis apfelgrün im Sommer, 15 x 4 cm, oben rund, sonst zylindrisch
Variationen
Abies concolor var. *concolor:* kommt in den niederschlagsreichen Süd-Kaskaden und in den Küstengebieten Kaliforniens vor, hellgrüne bis graue Nadelfarbe. Sie ist nicht das, was wir als Christbaum suchen, denn bei der Colorado-Tanne ist vor allem die blaue Variation gefragt.
Abies concolor var. *lowiana* (Sierra-Tanne): wird gesondert beschrieben.
Abies concolor var. *glauca:* kommt in den sehr trockenen Hochebenen der südlichen Rocky Mountains vor, für uns die interessantere Variation. Dabei handelt es sich um eine etwas langsamwüchsigere Art mit einer schönen blaugrünen bis stahlblauen Nadelfärbung. Notwendige Schnittmaßnahmen sind einfach und problemlos durchzuführen.
Ähnliche Arten: Wegen ihrer langen blauen Nadeln relativ einzigartig; *A. concolor* var. *lowiana, A. grandis*

Die Colorado-Tanne, auch Grautanne genannt, ist eine **wunderschöne Tannenart**, die allerdings erst sehr spät – nämlich 1872 – nach Europa gebracht wurde. Sie hat jedoch sehr bald in botanischen Gärten sowie in Park- und

Gartenanlagen eine bedeutende Stellung eingenommen. Ihre Heimat sind zwar die warmen Gebiete im Südwesten der USA (Oregon bis Nordmexiko), doch es hat sich gezeigt, dass sie auch noch in weit nördlicheren Gebieten ausreichend winterhart ist, da sie aus Gebirgslagen bis 3.000 m Seehöhe stammt. Sie verträgt Trockenheit fast genauso gut wie die europäische Kiefer und erweist sich gegen Umweltbelastungen bislang widerstandsfähiger als andere Koniferen. Sie wächst in der Jugend sehr schnell, später etwas langsamer, aber stets gleichmäßig.

Colorado-Tannen sind ein ökologisch sehr anpassungsfähiges Gehölz, sodass sie in europäischen Parkanlagen von der Ostsee- bis zur Schwarzmeer- und Mittelmeerküste gedeihen.

Colorado-Tanne

Colorado-Tanne mit Zapfen

Die Rinde der jungen Bäume ist hellgraugrün gefärbt und glatt, im Alter gefurcht und schuppig. Die Äste stehen symmetrisch ab, junge Zweige sind gelbgrau, die kugelförmigen Knospen harzig. Die Nadeln sind unregelmäßig an den Zweigen angeordnet, vorwiegend sensenartig gekrümmt, auffällig lang (bis zu 6 cm) und allseits blaugrau gestreift.

Eignung als Christbaum und Baumschulware

Es besteht eine große Nachfrage nach Ballenbäumen; als lebender Christbaum ist die Colorado-Tanne als **Tiefwurzler** und wegen ihrer Probleme beim Umpflanzen aber nicht empfehlenswert. Kunden, die sich für eine lebende Colorado-Tanne entscheiden, werden in der Regel darauf hingewiesen, den Baum sofort zu setzen und ihn nicht dem Stress des Weihnachtsbaumes im Wohnzimmer auszusetzen. Sie ist auch sehr häufig in Gärten und Parks zu finden. Sie hat als geschnittener Christbaum ein **gutes Nadelhaltevermögen**, aber durch ihren eigenen Habitus, der fast dem einer Kiefer gleicht, einen doch etwas eingeschränkten Kundenstamm. Wer sie jedoch einmal als Christbaum verwendet hat, nimmt sie gerne wieder. Beliebt sind aber erst Größen ab 2 m.

Sierra-Tanne (*Abies concolor* var. *lowiana*)

Englisch: Sierra Fir

Herkunft: Mitte Oregon, nach Süden bis zu den Siskiyou-Bergen und der Sierra Nevada in Kalifornien

Nördlicher Typ: Ähnelt *A. grandis*; Nadeln oberseits meist grün, selten grünblau, 5–6 cm lang, fast flach stehend. Als Christbaum der mit Abstand bessere Typ, da er *A. grandis* ähnlich ist, aber kein Problem mit der Schütte hat.

Südlicher Typ: Ähnelt *A. concolor*; Nadeln graugrün bis bläulich, die mittleren Reihen im Winkel von 45° aufwärtsgehend, 4–5 cm lang, Nadeln oft gekrümmt, viel empfindlicher als der nördliche Typ und sehr anfällig für viele Nadelpilze

Ähnliche Arten: *A. concolor* und *A. grandis*, die beide Elternteile sind.

Sierra-Tanne

Eignung als Christbaum und Baumschulware

Der **südliche Typ** ist **unbrauchbar**, da er stark gekrümmte Nadeln hat, anfällig für Pilzerkrankungen und auch bezüglich der Nadelhaltbarkeit schlecht zu bewerten ist. Der **nördliche Typ** dagegen ergibt **wunderschöne Christbäume**, die im Aussehen und in der Qualität durchaus mit der Nordmannstanne mithalten können. Auch als Baumschulware ist der nördliche Typ sehr gut geeignet und lässt sich sehr gut mit einem entsprechenden Erdballen aus der Erde graben. Obwohl beide Elternteile eher Tiefwurzler sind, wurzelt *A. concolor* var. *lowiana* nur mitteltief.

Eine gewisse Unsicherheit liegt momentan noch in der **Herkunft der Samen**, die aus jetziger Sicht **nicht zufriedenstellend** ist. Ursprüngliche Mutterbäume bester Qualität, die in Österreich standen, wurden leider vernichtet. Alles, was daraufhin aus den USA zu uns kam, war von nicht zufriedenstellender Qualität, sodass wir die Produktion vorerst eingestellt haben. Die ersten direkten Nachzuchten aus dem inländischen Bestand haben zu fruktifizieren begonnen und wir warten geduldig auf größere Samenmengen, um die Qualität *Abies concolor* var. *lowiana* (Sierra-Tanne) zu gewährleisten. In absehbarer Zeit gibt es jedoch wieder eine inländische Beerntung von kontrollierten ausgesuchten Plusbäumen. Die ersten Nachzuchten von reinen Plusbäumen aus ehemals inländischer Beerntung sind etwa 25 Jahre alt, stehen am Betrieb Fließer und beginnen jetzt zu fruktifizieren. Wir erwarten hier keine großen Erträge, aber gute Qualitäten, die den inländischen Bedarf in Zukunft decken werden. Dann wird die Kultivierung der Sierra-Tanne wieder interessant. Bei den amerikanischen Tannenarten haben wir im Gegensatz zu den europäischen und vorderasiatischen Arten den Vorteil, dass es keine genetischen Vermischungen unter den Tannen gibt, da sie in der genetischen Verwandtschaft zu weit auseinanderliegen und daher so reine Nachzuchten liefern, als würde der Samen aus den Ursprungsgebieten stammen.

Balsamtanne (*Abies balsamea*)

Englisch: Balsam Fir
Herkunft: Nordwesten Amerikas, dort der wichtigste Waldbaum; sie ist ein Baum kalter und feuchter Lagen.
Nadeln: Relativ kurz, oberseits dunkelgrün, unterseits weiße Stomatastreifen, Nadeln und Zweige brechen sehr leicht ab.
Zapfen: 10 x 2,5 cm groß, bilden fast viereckige Samenschuppen
Ähnliche Arten: *A. fraseri*, *A. intermedia*

Eignung als Christbaum und Baumschulware

Die Balsamtanne hat einen **wunderbaren Duft**, ist allerdings wegen ihrer Anfälligkeit für Bodenpilze für die Christbaumproduktion in Mitteleuropa nicht geeignet. Außerdem hat sie einen sehr ungestümen Wuchs, sehr **brüchige Zweige** und ein **sehr schlechtes Nadelhaltevermögen**. Sie wäre als Flachwurzler zum Balletieren gut geeignet, wird aber wegen der oben genannten Eigenschaften nicht als Ballenware verwendet.

Balsamtanne

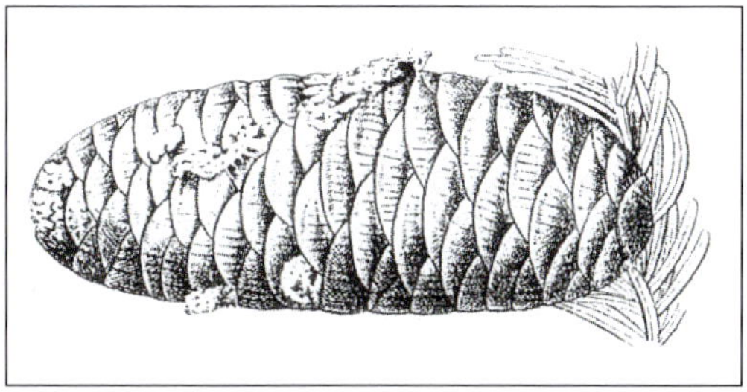

Zapfen der Balsamtanne

Purpurtanne (*Abies amabilis*)

Englisch: Pacific Silver Fir
Herkunft: Britisch Kolumbien bis Oregon; kam 1830 nach Europa, wird hier aber kaum kultiviert, bestenfalls in einigen großen Parks zu finden.
Rinde: Die Rinde ist purpurgrau, glatt, mit waagrechten Harzblasen versehen, im Alter stumpfgrau und korkig.
Nadeln: Die Nadeln sind 3 x 0,2 cm groß, gerade, fächerförmig vorwärts gerichtet, dicht auf dem Trieb angesiedelt. Neue Nadeln sind oft bläulich-grün, aber im 2. Jahr glänzend dunkelgrün und oben gefurcht. Die Nadelunterseite ist mit zwei breiten silbernen Bändern versehen, linealisch bis zur gespaltenen Spitze. Zerrieben duften sie nach Orangen. Der Wuchs ist schmal kegelförmig, dicht, die unteren Äste vorerst abwärts zeigend, dann wieder aufsteigend.
Knospen: Kugelig und sehr bald weiß vom Harz
Zapfen: Die Zapfen sind lang – eiförmig, sehr glatt, zuerst purpurfarben, dann braun, 10–15 cm lang.
Ähnliche Arten: *A. mariesii*, *A. procera*

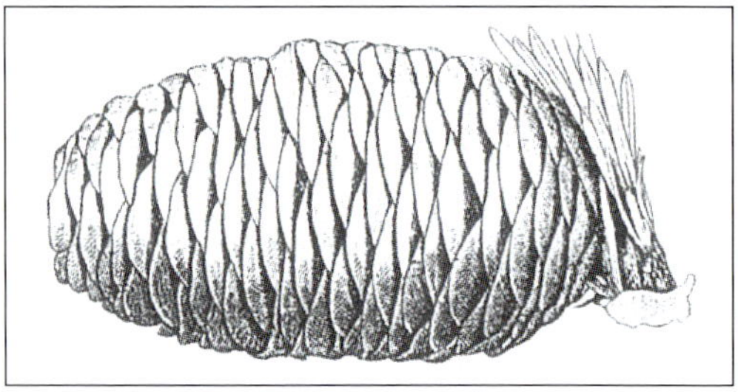

Zapfen der Purpurtanne

Eignung als Christbaum und Baumschulware

Die Art wird eigentlich nirgends als Christbaum kultiviert, sehr wohl aber in **Schnittgrünkulturen**, da sie ähnliches Reisig wie *A. procera* liefert und dieses gut haltbar ist. Als Baumschulware dient sie nur als Sammlerstück. Die Purpurtanne ist selten in Vorgärten und Parks zu finden.

Heilige Tanne (*Abies religiosa*)

Englisch: Sacred Fir

Herkunft: Sie ist ein sehr wichtiger Baum in den mexikanischen Gebirgen.

Nadeln: Flache, glänzend dunkelgrün gefärbte Nadeln. Junge Triebe sind rötlich und harzreich.

Zapfen: Die Zapfen sind bis zu 16 cm lang und fast eiförmig.

Eignung als Christbaum und Baumschulware

Sie wächst hauptsächlich auf vulkanischem Gestein. In Mexiko gibt es noch weitere Arten wie *A. durangensis*, *A. hickeli*, *A. vejari* und *A. mexicana* als Unterart von *A. hickeli*. Sie sind allesamt in Mitteleuropa **nicht winterhart**. Der Name Heilige Tanne soll auf die weitverbreitete Verwendung als Schmuckreisig in Kirchen zurückgehen, da sie sehr schöne kreuzartige Zweige aufweist.

Purpurtanne

Heilige Tanne

Fraser-Tanne (*Abies fraseri*)

Die Fraser-Tanne kommt aus den Appalachen im östlichen Nordamerika. Sie wächst dort in Höhenlagen von 1.200–2.000 m. Fraser-Tannen zeichnen sich durch einen schmalen kegelförmigen Wuchs und kurze Nadeln, ähnlich denjenigen der Korea-Tanne, aus. Sie stellen eine der Hauptbaumarten im amerikanischen Christbaumanbau dar, weil sie sich sehr gut für die amerikanische Schnittmethode, das Shearing, eignen. Allein in New York werden jährlich über 20 Millionen Fraser-Tannen verkauft. Die natürlichen Bestände wurden allerdings durch eine aus Europa eingeschleppte Wolllaus zu 80 % dezimiert. Die Laus löst im Baum eine Reaktion aus, durch die der Saftstrom im Xylem unterbrochen wird. Der Baum vertrocknet von außen und das sehr häufig vor dem erntefähigen Alter.

Zapfen an einer Fraser-Tanne

Eignung als Christbaum und Baumschulware

Die Fraser-Tanne entwickelt bei entsprechender Schnittkorrektur sehr **schöne dichte, schlanke Bäume**, die angenehm nach Harz duften. Sie hat allerdings auch bei uns das Problem mit der Laus und besonders auch mit Bodenpilzen,

Fraser-Tannen

wie dem Hallimasch und der *Phytophthora*, und stirbt oft ab, bevor sie die optimale Größe eines Christbaumes erreicht. Als lebender Baum wäre sie als **Flachwurzler** leicht zu graben, sie hat aber gewisse Probleme beim Übersetzen und gedeiht vor allem auf schweren Böden kaum.

Fließer-Tanne (*Abies arnoldiana*)

Die Fließer-Tanne ist eine Kreuzung aus *A. koreana* und *A. alba* und wurde von der Forstbaumschule Fließer selektioniert. Sie ergibt sehr ansprechende Bäume, die auch optisch eine Mischung aus Weißtanne und Korea-Tanne darstellen. Auffallend und typisch für diese Tanne ist, dass der Zapfen, der dem einer Korea-Tanne gleicht, an seinem oberen Ende noch eine kleine Erhebung aufweist.

Eignung als Christbaum und Baumschulware

Die Fließer-Tanne ergibt sehr schöne **schlanke, reihige Bäume** und eignet sich sowohl als Christbaum als auch als Ballenware für Baumschulen ganz ausgezeichnet. Sie wird in Zukunft dem Segment Korea-Tanne im Christbaumbereich etwas den Platz abringen. Mitunter wird auch die Kreuzung von Korea-Tanne und Veitchs Tanne als *Abies arnoldiana* bezeichnet.

Abies arnoldiana mit typischen Zapfen

Formosa-Tanne (*Abies kawakamii*)

Sie ist auf Taiwan beheimatet, wo sich nur diese eine Tannenart befindet. Sie ist ein Baum mit mittlerer Wuchskraft und wird nicht höher als 20 m. Sie hat an ihren natürlichen Standorten subtropisches Klima und ist in Mitteleuropa **nicht winterhart**.

Sizilianische Tanne (*Abies nebrodensis*)

Diese Tannenart kommt, wie schon der Name sagt, in Gebirgen des nördlichen Sizilien vor.

Sie wird auch Nebroden-Tanne genannt. Sie wurde durch Übernutzung und durch Ziegenbeweidung bis auf wenige Exemplare ausgerottet. Sie ist morphologisch und anatomisch **der Weißtanne sehr ähnlich**, aber von ihr durchaus trennbar. *A. nebrodensis* wird maximal 15 m hoch.

Kanaan-Tanne (*Abies intermedia*)

Die Kanaan-Tanne ist ein Hybrid aus der Balsamtanne und der Fraser-Tanne und findet in der Literatur kaum Beachtung. Sie hat ähnlich wie die Balsamtanne und die Fraser-Tanne **große Probleme mit Bodenpilzen**. Die Art eignet sich sehr gut für die Produktionsmethode der Amerikaner, das sogenannte Shearing, und wird dort auch als Weihnachtsbaum verwendet. Bei uns in Mitteleuropa selten, aber doch in Parks zu finden. Sie wird in Mitteleuropa weder als Baumschulware noch als Christbaum produziert, war aber in diversen Versuchen mit dabei.

Algier-Tanne (*Abies numidica*, *Abies pardei*)

Ähnliche Arten: *A. pinsapo*

Die Algier-Tanne, oder Numidische Tanne, ist ein Waldbaum des östlichen Algerien, wo sie auf flachgründigen Kalkböden zu Hause ist.

Sie wird maximal 20 m hoch. In Mitteleuropa ist die Algier-Tanne ein **langsam wachsender, dürreresistenter beliebter Parkbaum**. Sie hat in der Jugend sehr kurze, dicht stehende dunkelgrüne Nadeln sowie große, harzfreie Knospen und bis 20 cm lange spitz zulaufende Zapfen mit zurückgebogenen Samenschuppen.

Algier-Tannen – selten in Kultur

Auswahl und Vorbereitung der Flächen

Früher kamen viele Bäume aus der forstwirtschaftlichen Nutzung. Diese sind fast zur Gänze verschwunden, da der Arbeitsaufwand auf Waldflächen zu hoch ist und die Ausbeuten zu gering. Heute kommen die am Markt angebotenen Bäume praktisch zur Gänze aus dafür angelegten **Plantagen auf Wiesenflächen**, die gut maschinell bearbeitbar sind. Hierbei ist es sehr wichtig, die für diesen Produktionszweig besten Flächen auszusuchen, da nur dadurch eine höchstmögliche Qualität bei einer höchstmöglichen Ausbeute zu erzielen ist.

Die Anlage einer Christbaumkultur kann, sofern vorhanden, auf eigenen Flächen erfolgen oder man bedient sich zugepachteter Flächen, die mitunter sogar günstiger sind, da der Pachtzins meist niedriger ist als die Verzinsung von Eigenflächen. Grenzertragsböden sind für den Anbau von Christbäumen allerdings nicht geeignet. Um marktgerecht und gleichmäßig wachsen zu können, stellt der Baum nämlich bestimmte Anforderungen an den Boden sowie an das Mikro- und Makroklima auf den für die Aufzucht ausgewählten Flächen. Diese Ansprüche erfüllen landwirtschaftliche Grenzertragsböden mit Sicherheit nicht!

Am besten eignen sich für Christbaumkulturen im bergigen Gebiet **leichte Hanglagen mit einer Ost- oder Westausrichtung** und **Böden aus lehmigem Sand oder sandigem Lehm**. Die **Seehöhe** sollte **400 bis 900 m** betragen und die **jährlichen Niederschlagsmengen** sollten **über 600 mm** liegen. Über einer Seehöhe von 900 m gibt es mitunter Probleme mit der Bringung im Winter (Schnee) bzw. mit einem Nährstoffmangel durch zu karge Böden. Unter 400 m haben wir oft mit Spätfrostproblemen zu kämpfen. Es gibt natürlich in beiden Fällen Ausnahmen, die lokal bedingt sein und sich unterschiedlich auswirken können. Solche Fälle können vom Produzenten meist vor Ort am besten eingeschätzt werden.

Auf Böden mit höherem Lehmanteil lassen sich zwar Ballenpflanzen (lebende Christbäume) leichter produzieren, da der Ballen beim Ausgraben nicht so leicht zerfällt und die ausgestochenen Bäume auch robuster in der Manipulation sind, aber die Artenvielfalt wird dadurch im zunehmenden Maße eingeschränkt. Die Bäume erfüllen dann meist auch nicht mehr die Qualitätsanforderungen. Sie verlieren an Qualität in der Wuchsleistung und besonders in ihrer Färbung.

Leichte Hanglagen sind zu bevorzugen.

Wenn möglich, sollte es sich bei Produktionsbedingungen mit Grasmulch bei der für die Christbaumkultur ausgewählten Fläche um eine Wiesenfläche handeln, wie schon angesprochen, aber auch **Ackerflächen** sind dazu hervorragend geeignet. Diese weisen jedoch bis zur Umwandlung in eine Wiesenfläche und meist auch noch danach einen größeren Unkrautdruck auf, sind allerdings durch den gelockerten Boden in der Regel leichter und schneller zu kultivieren als eine mit einer Grasnarbe versehene Wiesenfläche. Vorsicht geboten ist auf ehemaligen Ackerflächen aber bezüglich des Stickstoffgehalts, der auf Ackerflächen häufig erhöht ist. Zudem sind als Acker genutzte Flächen oft sehr stark mit Herbiziden belastet.

Waldflächen werden heute kaum mehr mit Pflanzen für die Christbaumproduktion aufgeforstet, da dies aus mehreren Gründen unwirtschaftlich ist. Zum einen ist es meist schwierig, die Flächen einzuzäunen, zum anderen ist die intensive Pflege der Kultur, die unbedingt notwendig ist, viel schwieriger, vor allem zeit- und kostenintensiver als auf Wiesenflächen. Meist sind auf solchen Flächen auch verstärkte Nachbesserungen notwendig, da durch Altholzreste am und im Boden oft Probleme mit dem Pilz Hallimasch oder mit *Phytophthora* auftreten.

WICHTIG **Flächenauswahl**

Spätfrostgefährdete Tallagen oder Flächen mit stauender Nässe sind von der engeren Auswahl der Flächen ebenso auszuschließen wie zum Beispiel kleine, von Wäldern eingeschlossene Wiesenflächen mit zu geringer Sonneneinstrahlung. Unbedingt abzuraten ist von der Anlage einer Christbaumkultur auf einer ehemaligen Obstfläche, es sei denn, die Fläche ist schon einige Jahre geräumt und als Wiese oder Acker genutzt worden. Ansonsten gibt es auf solchen Flächen, besonders bei den Tannenarten, meist große Ausfälle durch Hallimasch und andere Bodenpilze.

Die Chemie des Bodens

Einige chemische Eigenschaften des Bodens sollten vor der Verwendung des Grundstückes als Christbaumkultur im Labor untersucht werden. Dabei ist es ratsam, eine Übersicht über den Grad der Nährstoffversorgung des Bodens zu gewinnen, da fehlende Nährstoffe relativ einfach ersetzt werden können und auch sollten.

Optimale Bodengehaltszahlen für Christbaumkulturen in mg/100 g Boden

Bodenart	P_2O_5	K_2O	MgO
humoser Sand	20–30	20	8–10
lehmiger Sand	20–30	25–30	10
sandiger Lehm	20–30	30–35	10–12
Lehm	20–30	35–40	12

(nach Dr. h. c. Gerd Krüssmann et al.)

Sehr wichtig ist es zudem, den **pH-Wert** des Bodens bestimmen zu lassen. Ein hoher pH-Wert kann die Brauchbarkeit des Bodens erheblich einschränken, da eine Absenkung nur über einen längeren Zeitraum möglich ist. PH-Werte, die über 6 hinausgehen, führen bei Tannen sehr gerne zu chlorotischen Erscheinungen, die auch durch eine Düngung nicht ausgeglichen werden können. Ein zu niedriger pH-Wert kann jedoch relativ schnell durch eine Kalkung erhöht werden. Die Ansprüche der Tannenarten an den pH-Wert sind unterschiedlich, sie können aber alle im Bereich von pH 4,8 bis 6,0 problemlos kultiviert werden.

Der optimale pH-Wert ist aber auch von der Bodenart abhängig und kann wie folgt angegeben werden.

Bodenart	optimaler pH-Wert
Moorboden	4,2–4,8
humoser Sandboden	4,8–5,4
lehmiger Sand, sandiger Lehm	5,4–6,0
Lehm	6,0–7,0

(nach Dr. h. c. Gerd Krüssmann et al.)

Die Bodenvorbereitung

Neben einer ausgewogenen Nährstoffversorgung und einem optimalen pH-Wert sollte der Boden möglichst **gleichmäßig strukturiert und eben** sein, um einen hohen Mechanisierungsgrad zu ermöglichen. Dies wird unbedingt notwendig sein, wenn die angestrebte Fläche, auf der Christbäume produziert werden sollen, eine Größe erreicht, die nur mehr mit einer entsprechenden Mechanisierung zu bewältigen ist. Über den Grad der notwendigen oder angestrebten Mechanisierung wird in einem späteren Kapitel noch ausführlicher gesprochen.

Auf Wiesenflächen

Hat man sich entschieden, eine vorhandene Wiesenfläche zu verwenden, sollte diese vor der Auspflanzung möglichst **tief abgemäht oder abgemulcht** werden. Das erleichtert einerseits die genaue Ausmessung der Pflanzabstände sowie andererseits das Graben oder Bohren der Pflanzlöcher und erlaubt zudem, soweit vorgesehen, nach der Pflanzung einen effizienteren Einsatz von Herbiziden. Auch für den Einsatz von Pflanzmaschinen ist es von Vorteil, die Grasnarbe möglichst niedrig zu halten.

Auf Ackerflächen

Beim Kultivieren auf offenem Boden ist es notwendig, die gepflügte oder gefräste Fläche möglichst gut mit einer Egge (am besten eignet sich eine Kreiselegge mit Stachelwalze) **einzuebnen** und den Boden vielleicht etwas stärker zu **walzen**, als dies beim Säen von Getreide notwendig oder vorteilhaft wäre. Dadurch ist der Boden besser mit den notwendigen Maschinen zu befahren, und gravierende Fahrspuren, über die man sich dann für die Dauer der gesamten Umtriebszeit ärgert, werden vermieden.

WICHTIG | **Rechtzeitige Bearbeitung**

Den Boden vor dem Pflanzen nicht zu spät umbrechen, da das verfaulende Gras im Boden sonst zu großen Problemen für die gesetzten Pflanzen führt. (Bodenpilze vernichten die frisch gesetzten Pflanzen.) Ideal wäre es, bei der Herbstpflanzung sechs bis acht Wochen vorher bzw. bei der Frühjahrspflanzung bereits im Herbst zu fräsen oder zu pflügen.

Sollte der pH-Wert nicht im optimalen Bereich liegen, so sind auch hier vor dem Auspflanzen notwendige Schritte – etwa eine **Kalkung** – zu setzen.

- Auf leichten Böden werden zur Erhöhung des pH-Wertes um einen Grad (z. B. von pH 4 auf pH 5) etwa 2–3 t/ha kohlensaurer Kalk,
- auf mittelschweren Böden 2 t/ha Branntkalk,
- auf schweren Böden 1–2 t/ha Branntkalk benötigt.

Besser als hohe Gaben in großen Abständen sind niedrigere Gaben in engeren zeitlichen Abständen (etwa alle 14 Tage). Bei etwas zu tiefen pH-Werten oder etwas zu schweren Böden können regelmäßige Kalkgaben wahre Wunder bewirken. Ebenso sind beim Auftreten von stauender Nässe Meliorationen durchzuführen.

TIPP | **Die Einzäunung**

Die für die Einzäunung notwendigen **Pfähle** sollten schon **vor dem Auspflanzen der Kultur** gesetzt werden. Dies bietet mehrere Vorteile: Zum einen ist die genaue Entfernung zum Zaun immer ersichtlich, was für die Pflanzlocheinteilung sehr wichtig ist, zum anderen hat man mehr Platz für ein etwaiges mechanisches Pfahlsetzen. Außerdem kann auf diese Weise nach der Pflanzung sofort der schützende Zaun um die Christbaumkultur aufgezogen werden. Wird der Zaun vor dem Auspflanzen fertig gemacht, ist die Bewegungsfreiheit bei mechanischen Pflanzmethoden etwas eingeschränkt.

Über die Zäunung und das dabei verwendete Material sprechen wir noch ausführlicher in einem späteren Kapitel.

Nachdem die Bodenbedingungen erfüllt sind, kann mit dem Auspflanzen der Kultur begonnen werden.

Gepflegte Korktannen-Kultur

Das Anlegen einer Christbaumkultur

Vor dem Auspflanzen sollte man sich ein genaues Schema über ausgewählte Sorten, Flächengröße und -form, Reihenausrichtung, Pflanzabstände, die gewünschten Längs- und Querwege und anderes mehr vorbereiten, um nicht plötzlich vor unerwarteten Schwierigkeiten zu stehen, wenn die Pflanzpartie auf ihren Einsatz wartet. Zu diesen Überlegungen gehört natürlich auch jene, woher man sich das nötige Pflanzmaterial beschafft. Die benötigte Pflanzenanzahl sowie Sortenaufteilung sollten vor Beginn der Arbeit sehr genau feststehen und möglichst auf Papier festgehalten sein.

Reihenausrichtung

Wo immer möglich, sollten die einzelnen Pflanzreihen in den Kulturen **von Norden nach Süden** laufen, weil so die Belichtung der Pflanzen am günstigsten ist. Sollte es sich jedoch um Kulturen handeln, die starken Winden aus einer Richtung ausgesetzt sind, so ist es besser, die Reihenrichtung mit der Richtung des Windes laufen zu lassen.

Da früher viele Arbeiten mit der Hand durchgeführt wurden, pflanzte man eher geschlossene Blöcke gleicher Tannenarten mit kürzeren Reihen, heute aber, wo beinahe alle Arbeiten mechanisch erfolgen, können die Reihen nicht lange genug sein. Reihen, die jedoch länger sind als 100 m, sollten durch **Querwege** unterbrochen werden, um den Abtransport

Ideal sind leichte Hanglagen.

der Bäume, besonders der lebenden Bäume, zu erleichtern.

Entscheidend ist, dass die maschinellen Arbeitsvorgänge nicht durch unterschiedliche Reihenabstände und besonders durch unterschiedliche Pflegeansprüche in ihrem Arbeitsfluss gestört werden. Möglichst **lange Reihen** sind für den wirtschaftlichen Einsatz von Maschinen eine Grundvoraussetzung, da sonst der anteilige Arbeitsaufwand für das unproduktive Wenden der Maschinen zu hoch wird. Viele Maschinenteile werden beim Wenden wesentlich stärker beansprucht als beim Geradeausfahren (Lager, Gelenke, Walzen etc.)

Pflanzabstände

Der Pflanzabstand in einer Christbaumkultur richtet sich in erster Linie nach den für die Pflege der Kultur in den nächsten zehn Jahren vorgesehenen Geräten. Die Abstände der **Reihen zueinander** sollten **mindestens 40 bis 50 cm über die mögliche Arbeitsbreite des Mähers oder Mulchers**, bei einer Grasmulchvariante, oder einer Fräse, bei einer Bodenoffenhaltungsvariante in trockeneren Gebieten, hinausgehen. Bei einer Mulchbreite von 1 m sollte der Reihenabstand also mindestens 1,40 m betragen. Dies ist im zunehmenden Maße dann notwendig, wenn die Reihenabstände im Verlauf der Reihe nicht sehr genau eingehalten wurden, da sonst Beschädigungen des Baumes im bodennahen Bereich unausweichlich sind.

TIPP **Mindest-Pflanzabstand**

Der engstmögliche Pflanzabstand sollte 1 x 1 m nicht unterschreiten.

Genau genommen braucht jede Tannenart ihren spezifischen Standraum, um zu einer „Qualitätspflanze“ heranwachsen zu können. So kann der ideale Aufbau des Christbaumes durch einen zu engen Stand stark vom Idealbild abweichen. Ein ausreichender Standplatz bis zum vierten oder fünften Standjahr ist jedoch für alle Tannen- und Fichtenarten mit Sicherheit bei einem Abstand von 1,50 x 1,20 m gegeben.

Ab diesem Zeitpunkt kann auch schon eine gewisse Menge an Christbäumen entnommen werden (bei einzelnen Arten auch schon früher) bzw. können lebende Bäume schon ab dem dritten Standjahr brauchbar sein, wodurch der verbleibende Rest wieder mehr Platz erhält.

Nordmannstannen tolerieren einen zu engen Pflanzabstand, indem sie problemlos ineinander wachsen. Vorsicht ist bei fast allen anderen Tannenarten gegeben, die einen zu engen Standraum nicht tolerieren bzw. zu Verpilzung oder zu unregelmäßigen Formen neigen. Hier muss man früh genug Ware entnehmen, um Luft und Licht in die Kulturen zu bringen.

Die Pflanzlöcher werden mithilfe eines Erdbohrers vorbereitet.

Pflanzzeit

Die meisten Kulturen werden im Frühjahr angepflanzt, aber es besteht auch die Möglichkeit, sie, um etwaige Arbeitsspitzen abzubauen, im Herbst zu setzen. Die **Herbstauspflanzung** sollte möglichst früh erfolgen, um dem Baum noch eine Möglichkeit zu geben, sich im Boden etwas zu verankern. Im Spätherbst gepflanzte Bäume können besonders auf sonnigen Lagen durch die oft starken Temperaturschwankungen vom Minus- in den Plusbereich förmlich aus dem Boden gehoben werden, bis sie frei auf der Oberfläche zu liegen kommen. Südhänge werden daher auch besser im Frühjahr bepflanzt. Möglicher Pflanztermin im Herbst ist von Ende August oder Anfang September beginnend bis Mitte Oktober. Später gepflanzte Bäume wurzeln im Herbst in der Regel nicht mehr an, da der Boden meist schon zu kalt ist. Gelingt es allerdings, noch im Herbst eine neue Bewurzelung zustande zu bringen, so halten die Bäume über den Winter besser im Boden und starten im Frühjahr wesentlich früher, was auch einen längeren Terminaltrieb bewirkt, den wir uns vor allem in den ersten Jahren so sehr wünschen.

Bei den meisten Tannenarten ist es von Vorteil, sie nicht zu früh im **Frühjahr** zu setzen, da sie in der Regel besser anwachsen, wenn sie erst kurz vor dem Antreiben von der Verschulung auf die für die Christbaumkultur vorgesehene Fläche kommen. Diesbezügliche Absprachen mit dem Pflanzenlieferanten sind dazu unbedingt notwendig. Bei zu spätem Auspflanzen besteht die Gefahr von Austrocknungen und damit verbundenen Ausfällen, da mitunter die Temperaturen im Mai schon über die 30-Grad-Marke steigen können. Außerdem ist es wichtig, dass die frisch gesetzte Kultur in ihrer ersten Phase einmal ausgiebig Feuchtigkeit bekommt, damit die Bäume zu frischem Wurzelwachstum animiert werden.

Je kürzer der Zeitraum vom Ausnehmen der Pflanzen aus der Verschulung bis zum Versetzen in der Christbaumkultur ist, desto besser werden die Pflanzen den Übersetzungsschock überwinden. Es ist nämlich keinem gedient, wenn der Pflanzenproduzent das Pflanzmaterial sehr früh aus der Verschulung nimmt und dieses dann wochenlang im Einschlag oder im Kühlhaus gehalten wird.

Die Pflanzen

Die benötigten Pflanzen werden in der Regel in einer der Forstbaumschulen oder in einer Baumschule aus der näheren oder weiteren Umgebung eingekauft.

Die Pflanzen bedürfen vor dem Versetzen meist einer Vorbereitung in der Weise, dass **zu lange Wurzelkörper eingekürzt** und damit das Wachsen von Adventivwurzeln gefördert wird. Ihre Neubildung erfolgt nach der Verpflanzung aus dem Holzkörper der stärkeren Wurzeln, und erst wenn dies erfolgt ist, kann die Pflanze als angewachsen betrachtet werden. Die Größe der Pflanzen kann bei Flachwurzlern, also allen Fichtenarten und einigen Tannenarten, mittel bis groß sein (40–70 cm), bei tiefwurzelnden Tannenarten nach Möglichkeit klein bis mittel (20–40 cm).

Das Versetzen

Beim händischen Versetzen wird das Pflanzloch mit einer **Forsthaue** oder einem **Spaten** gegraben. Um die Abstände über die ganze Reihe möglichst gleich beibehalten zu können, wird entweder ein Gussstahldraht mit einer Kugelmarkierung verwendet oder, im einfacheren Fall, eine Schnur gespannt und der Abstand in der Reihe durch einen Messstab festgelegt.

Es gibt allerdings auch die Möglichkeit, die Pflanzlöcher mittels eines **Erdbohrers** auf maschinellem Weg vorzubereiten. So werden bei uns im Betrieb mittels eines hydraulischen Erdbohrers mit variabler Reiheneinstellung in einem Arbeitsgang drei Reihen gleichzeitig gebohrt, wobei die Zugmaschine sich beim Weiterfahren ebenfalls an eine gespannte Schnur

Erdbohrer

Das Versetzen der Pflanzen

hält. Somit sind zusätzlich zu einer enormen Arbeitserleichterung und Arbeitssteigerung zumindest drei Reihen immer im genau gleichen Abstand zueinander gesetzt. Dabei ist es kein Problem, mit einem eingespielten Team an einem Tag 5.000–10.000 Pflanzen zu versetzen. Begrenzender Faktor ist hier in erster Linie die Geschwindigkeit, mit der die Löcher gebohrt werden. Das Pflanzloch muss beim Versetzen mit feinkrümeliger Erde gefüllt und anschließend muss die Erde rund um die Pflanze genügend fest angetreten werden, damit der Baum gut im Boden hält. Er sollte dabei nicht mehr als 1–2 cm tiefer im Boden stehen, als dies in der Verschulung der Fall war.

Weiters gibt es die Möglichkeit, die Bäume mittels einer **Versetzmaschine** zu pflanzen, auf der eine oder mehrere Personen sitzen, die die Pflanzen wie beim Verschulen einlegen. Höhere Pflanzleistungen können damit nicht erzielt werden.

Die Pflanzmaschinen sind heute in der Regel mit einer Lasersteuerung ausgerüstet, sodass auch hier eine sehr exakte Reihenführung möglich ist, was die Grundvoraussetzung für eine angenehme maschinelle Pflege in den nächsten Jahren darstellt.

Versetzmaschine

Zäunung der Kultur

Da die meisten für Christbaumkulturen zu verwendenden Baumarten für das Reh- und Rotwild Leckerbissen darstellen, ist es unbedingt notwendig, die Fläche möglichst rasch nach der Pflanzung einzuzäunen. Dies erfolgt mit imprägnierten Zaunpfählen mit einer Mindestlänge von 2 m und einem Drahtzaun mit einer Höhe von 1,50 m.

Als Zaun für Christbaumkulturen genügt im Normalfall ein **verzinkter**, **rehdichter Zaun**, der wesentlich billiger ist als ein hasendichter. Hasen richten in der Christbaumkultur normalerweise keinen Schaden an. Der Zaun wird je nach Beschaffenheit der Fläche über eine maximale Länge von 100 m mit mechanischen Hilfsmitteln (Flaschenzug, Schlepper oder Winde) aufgespannt und mit U-Haken an den Pfählen befestigt.

Eckpfähle bzw. Pfähle, die Ein- und Ausfahrtsmöglichkeiten begrenzen, sollten stärker und in Zugrichtung des Zaunes verstrebt sein. Die **laufenden Pfähle** werden im Abstand von 3–5 m gesetzt, sollten eine Zopfstärke von mindestens 5–7 cm aufweisen und zumindest im unteren Bereich auf einer Länge von 90 cm imprägniert sein. Der imprägnierte Pfahl sollte mindestens 50 cm in den Boden geschlagen oder maschinell in den Boden gedrückt werden. Als Grundmaterial für Zaunpfähle verwendet man am besten entrindetes Schwachholz von Fichte, Tanne, Lärche, Akazie oder Kastanie, das durch Eintauchen in eine Imprägnierlösung haltbar gemacht wird. Druckimprägnierte Pfähle sind zwar länger haltbar, aber wesentlich teurer. Die Umtriebszeit von zehn bis zwölf Jahren, die man für eine Christbaumkultur benötigt, hält auch ein tauchimprägnierter „Fichtenstipfel" problemlos durch.

Als **Imprägnierlösung** kann man verschiedene im Handel erhältliche Mittel verwenden, die meist mit Wasser zu einer Lösung angerührt werden. In dieser Flüssigkeit lässt man die Pfähle einige Tage stehen und verwendet sie, wenn sie wieder trocken sind. Als Tauchbehälter eignet sich vorzüglich ein stehend einbetoniertes Betonrohr mit einem Durchmesser von 50 cm oder ein ausgedientes Metallfass. Es ist von Vorteil, wenn man dieses Rohr bzw. jeden anderen beliebigen Tauchbehälter mit einer Abflussöffnung versieht, da der Behälter über die Frostperiode entleert werden muss, sofern er nicht in einem temperierten Raum aufgestellt worden ist.

Sind all diese Arbeiten erledigt, ist die Kultur gepflanzt und vor Wildverbiss geschützt, so kann man einmal in aller Ruhe das Anwachsen der Pflanzen abwarten, ehe schließlich die Arbeit der Kulturpflege beginnt, die sich im Großen und Ganzen alljährlich wiederholt.

Die Zäunung der Kultur mit einem rehdichten Zaun

Begrünen und Düngen

Sobald der Pflanzvorgang abgeschlossen ist, wird die Fläche, sofern es sich um eine Ackerfläche oder eine umgebrochene Wiesenfläche handelt, mit Grassamen eingesät. Es gibt mehrere **Begrünungsmöglichkeiten**. Die häufigsten Arten sind die Einsaat einer Dauergrasmischung oder eine Begrünung mit Weißklee, der bei allen Vorzügen, die eine Dauergrasmischung aufweist, den Vorteil hat, keine sehr hohe Vegetation hervorzubringen, wodurch er – was vor allem in den ersten Jahren wichtig ist – eine nicht so große Konkurrenz zur Pflanze darstellt.

Gleich nach dem Versetzen bekommen die Pflanzen ihre erste **Düngergabe** in der Höhe von 10–15 g pro Pflanze in Form eines chloridfreien Volldüngers. Der Dünger wird im Umkreis des 1,5- bis 2-fachen Kronendurchmessers gleichmäßig verteilt.

Wichtig ist es, **keine Düngerkonzentrationen im unmittelbaren Bereich des Stämmchens** anzubringen, da es sonst zu „Verbrennungsschäden" kommt. Vorteilhaft ist es, vor der ersten Düngung Regen abzuwarten, da sich dadurch etwaige Spalten in der Krume schließen und so kein Düngekorn direkt zu den Wurzeln durchdringen kann. Diese erste Düngergabe gewährleistet uns, dass die Pflanzen eine Starthilfe bekommen, bis die neugebildeten Wurzeln mit ihrer Ausrichtung wieder so weit sind, dass sie die benötigten Nährstoffe, sofern im Boden vorhanden, wieder selbst finden und aufnehmen und zu den oberirdischen Pflanzenteilen liefern können.

TIPP **Faustregel**

Mit der Düngermenge, die in einer durchschnittlichen Faust eines Erwachsenen Platz findet, können vier bis sechs Pflanzen ausreichend mit Dünger versorgt werden.

Anlegen eines Herbizidstreifens

Unmittelbar nach dem Einsäen der Begrünung oder möglichst noch bevor die ersten Pflanzen austreiben, legt man einen Herbizidstreifen über den Bereich der Pflanzenreihen. Einen Flächenherbizideinsatz, wie er beispielsweise in Dänemark, aber auch noch in vielen Teilen Deutschlands und Österreichs üblich ist, lehnen wir aus ökologischen Gründen strikt ab. Darunter versteht man ein völliges Offenhalten des Bodens mithilfe von Herbiziden. Durch den immer größer werdenden öffentlichen Druck gegen die Verwendung von Herbiziden wird sich dieses Umweltproblem allerdings bald von selbst lösen. Gerade Flächenherbizideinsatz führt nicht nur zu einer enormen Belastung des Bodens und des Bodenlebens, sondern

Herbizidstreifen statt Flächenherbizideinsatz

vor allem in niederschlagsreichen Gebieten (800–1.200 mm) auch zu einer starken Erosionsgefahr. Zudem können auch Pflanzenschäden auftreten.

Der erfolgreiche Einsatz von Chemikalien zur Unkrautbekämpfung ohne Schädigung der Kulturpflanzen setzt ein hohes Maß an Wissen voraus. Es ist notwendig, dass sich der Anwender nicht nur über die prinzipiellen Dinge wie Aufwandmenge des einzusetzenden Herbizides, den günstigsten Einsatztermin in Bezug auf Kulturpflanze und Unkraut bzw. zu erwartendem Unkraut, Klarheit verschafft, sondern dass er auch über die Wirkungsweise und -dauer des Herbizides in der Pflanze und im Boden, seine Mischbarkeit mit anderen Pflanzenschutzmitteln, die notwendige Form der Applikation sowie die Haltbarkeit und Lagerung Bescheid weiß. Gute Kenntnisse über die Toxizität eines Wirkstoffes oder eines Präparates verhindern Gefahren für den Anwender, ermöglichen entsprechende Hinweise für die Bevölkerung und tragen zum Umweltschutz bei.

Abgedeckte Spritzdüsen erlauben ein schonendes Anlegen des Herbizidstreifens.

In unserem Betrieb arbeiten wir mit einem Grasmulchsystem zwischen den Reihen und mit chemischer Unkrautfreihaltung im Bereich der Baumreihen. Das Anlegen des Herbizidstreifens kann mit verschiedensten, im Handel gebräuchlichen Präparaten erfolgen. Bei offenem, unkrautfreiem Boden genügt eine Behandlung mit einem Bodenherbizid allein, auf Wiesenflächen ist eine Kombination von Blatt- und Bodenherbiziden bzw. ein kombiniertes Präparat notwendig. Am besten legt man links und rechts der angepflanzten Reihen einen Herbizidstreifen an, wobei sich die beiden Streifen in der Mitte etwas überschneiden sollten. Es besteht auch die Möglichkeit, die Spritzbrühe mithilfe einer an einen Schlepper angebauten Feldspritze mit einer Spezialabschirmung zwischen Düsen und Baum auszubringen.

Abschließend möchte ich zum Thema Herbizide und Umwelt feststellen, dass infolge der geringen Giftwirkung der Mittel und des prozentual geringen Umfanges der Anwendung in unseren Christbaumkulturen keine Gefahr für die Umwelt, für Mensch und Tier oder für die Pflanzen besteht. Gefahren können entstehen, wenn der Einsatz der Mittel in unverantwortlicher Weise erfolgt und Reste in das Grundwasser gelangen.

Wer sich in den ersten Jahren viel händische Arbeit mit den auflaufenden Unkräutern im Sommer ersparen will, wird um eine zweite Herbizidbehandlung nicht herumkommen, sofern er nicht die Möglichkeit einer mechanischen Unkrautbekämpfung hat. Es gibt hier verschiedene Möglichkeiten, wie im nächsten Kapitel gezeigt wird.

Alternativen zum Herbizideinsatz

Es wird in Zukunft im vermehrten Maß Christbaumzüchter geben, die auf eine Verwendung von Herbiziden verzichten wollen oder aus betriebswirtschaftlichen Gegebenheiten (Biobetriebe) verzichten müssen. Dies ist aus biologischer und umweltpolitischer Sicht durchaus erfreulich, bedeutet aber gleichzeitig einen enormen Mehraufwand an händischer Arbeit, da vor allem in der jungen Kultur ein drei- bis viermaliges Ausmähen der Bäumchen unbedingt notwendig ist, um den Konkurrenzkampf zwischen Baum und Unkraut oder Gras möglichst gering zu halten. Auf der anderen Seite kommen immer härtere Auflagen auf uns zu, was die Verwendung von Herbiziden anlangt, und es vergeht kein Jahr, in dem nicht das eine oder andere Mittel verboten wird. Die Suche nach Alternativen wird also aus mehreren Gründen immer notwendiger und auch interessanter.

Wildkrautbürsten

Eine mögliche Alternative zum Herbizideinsatz sind Versuche mit einer im kommunalen Bereich zur Reinigung von Parkplätzen und Gehsteigen eingesetzten Wildkrautbürste. Diese Versuche lassen erkennen, dass eine Unkrautbekämpfung im unmittelbaren Baumbereich durch dieses Gerät vor allem **in niederschlagsärmeren Gebieten** möglich erscheint, ohne einerseits den Baum zu schädigen oder den Wurzelraum einzuengen, wie es beim Fräsen der Fall ist, und andererseits ohne Pflanzenmasse auf das Astwerk des Baumes zu schleudern. Der Aufwuchs des Unkrautes wird durch das Bürsten wesentlich gestört, die Wurzelkräuter werden jedoch nicht aus dem Boden gerissen. Die schräg eingestellten Bürsten erlauben auch eine begrenzte Bearbeitung unter dem Baum. Voraussetzung für den Einsatz derartiger Geräte ist jedoch immer, dass der Reihenabstand bei der Pflanzung exakt eingehalten wird. Die Handhabung und die Arbeitsleistung lassen sich verbessern, wenn das Gerät mit zwei gegeneinander laufenden Kreiseln arbeitet, die Pflanzreihe sich zwischen den Kreiseln befindet und die Ablagerung des Materials zur Mitte hin erfolgt. Dies bedingt allerdings, dass man mit dieser Maschine über den Reihen fahren

Unkrautbürste

Stelzentraktor

muss, wodurch die Dauer derartiger Pflege mit normalen Schleppern auf zwei bis drei Jahre eingeschränkt ist. Alternativ kommen vor allem **Stelzentraktoren** zum Einsatz, die eine Durchgangshöhe von 2 m und mehr aufweisen.

Nicht unerheblich sind auch die Anschaffungskosten solcher Wildkrautbürsten sowie der zeitliche Aufwand für einen Arbeitsgang. Im Laufe eines Jahres sind zudem drei bis fünf derartige Arbeitsdurchgänge unumgänglich, und man rechnet mit einer Arbeitsleistung von maximal 0,5 ha/h. In unseren Breiten wird diese Arbeit zusätzlich noch durch oft nur sehr kurze niederschlagsfreie Perioden und hohe Niederschlagsmengen sehr erschwert; die Anwendung solcher Geräte scheint jedoch mangels anderer Alternativen zum Einsatz von Herbiziden, der in Zukunft wohl weit strengeren Auflagen unterliegen wird, doch so weit interessant zu sein, dass man diese Möglichkeit nicht außer Acht lassen sollte.

Weitere Alternativen zur Herbizidbehandlung sind diverse **Abdeckungen des Bodens** mit Pappe, Jute oder Mulchfolie. Alle diese Möglichkeiten bedingen jedoch, dass die Kulturpflege rein händisch erfolgt, da all diese Varianten eine maschinelle Bearbeitung praktisch unmöglich machen.

Abdeckung des Bodens mit Mulchfolie

Beweidung mit einer Schafherde

Eine besonders interessante Alternative ist auch die Möglichkeit der Beweidung mit einer speziellen Schafrasse, den Shropshire-Schafen. Die ersten derartigen Versuche zur Beweidung von Christbaumflächen, vor allem in Deutschland, liegen schon einige Zeit zurück. Dabei kamen anfangs fast ausschließlich Schwarzkopfschafe zum Einsatz. Durch die immer wieder vorkommenden Verbissschäden hatte sich die Schafbeweidung aber nicht durchgesetzt. Ab Anfang 1990 begann in Deutschland jedoch der Einsatz einer bis dato noch weitgehend unbekannten Schafrasse. Die sogenannten **Shropshire-Schafe** erwiesen sich in Sonderkulturen wie Christbaumanlagen sehr bald als wahre Spezialisten. Diese Schafe stammen aus Dänemark, wo sie speziell für den Einsatz in Sonderkulturen gezüchtet wurden. Das Besondere an ihnen ist, dass sie auch die empfindlichen Tannenarten nicht verbeißen, solange genug andere Äsung vorhanden ist. Je nach Wuchsintensität des Grases können **vier bis sechs derartige Schafe pro Hektar** von Frühjahr bis Herbst in der Kultur verbleiben. Darüber hinaus kommen auch die geringe Größe und die kompakte Gestalt der Shropshires den Erfordernissen der Kulturpflege entgegen.

Als einzige kritische Phase hat sich das Absetzen der Lämmer von den Muttertieren erwiesen. In dieser Zeit ist darauf zu achten, dass die Muttertiere mit den Lämmern aus der Kultur genommen und zunächst 14 Tage auf einer Weide gehalten werden, ehe sie in die Weihnachtsbaumkulturen zurückkommen, da sonst ein Verbiss an den Bäumen auftreten kann. Der genaue Grund dieses Phänomens ist noch unbekannt, man nimmt aber an, dass die Mutterschafe zu dieser Zeit ein besonderes Verlangen danach haben oder spezielle Nährstoffe benötigen.

Shropshires sind in der Haltung nicht empfindlicher als andere Schafe, gesondert hinzuweisen ist nur auf eine notwendige Wurmbehandlung sowie auf eine ausreichende Versorgung mit Mineralstoffen durch das Auslegen von Lecksteinen in den Kulturen.

Einer größeren Verbreitung stehen derzeit noch ein sehr knappes Angebot an Schafen aus Dänemark sowie der sehr hohe Preis pro Tier im Wege. Trotz des hohen Kostenaufwandes scheint die Bewirtschaftung mit diesen Schafen interessant zu sein, wenn man rechnet, dass der Herbizideinsatz im Laufe einer Kulturdauer etwa 3.000,– bis 4.000,– Euro pro Hektar kostet. Der Aufwand für die Schafe würde ungefähr gleich hoch sein. Kostengünstiger wird es erst bei eigener Nachzucht der Tiere.

Erlauben Sie mir aber noch einige Gedanken zur Alternative Schaf: Abgesehen davon, dass die Anschaffung sehr kostspielig ist und reinrassige Tiere sehr schwer zu bekommen sind, ist es auch notwendig, zusätzliche Weideflächen für die Zeit des Ablammens anzulegen bzw. die Tiere über den Winter in einem Stall unterzubringen und zu füttern. Dazu gehören auch ein gewisses Verständnis und eine Liebe zum Tier, die nicht jedermanns Sache ist. Hohe Tierarztkosten sind dann schnell die Folge. Zusätzlich ist unter Umständen für die Zäunung der Christbaumkultur mehr Zeit und Kapital einzusetzen, da der Zaun bei einer Beweidung mit Schafen etwas stabiler sein muss als sonst, um ein Ausbrechen der Schafe zu verhindern. Um saubere Kulturen, wie wir sie durch die maschinelle Pflege gewohnt sind, zu erreichen, ist es zusätzlich notwendig, kleinere Einheiten abzuzäunen bzw. die Anzahl der Schafe pro Hektar je nach Vegetationszeit zu variieren.

Shropshire-Schafe weiden die Pflanzendecke ab.

Bei durchschnittlicher Besetzung schaffen es die Schafe im Frühsommer aufgrund des starken Graswuchses nicht, die Kultur sauber zu halten. In den trockenen Hochsommermonaten weist die Vegetation beinahe zu wenig Zuwachs auf und im Spätherbst besteht die Gefahr, dass die Vegetation so gering wird, dass sich die Schafe vom Reisig der Bäume ernähren. Außerdem ist sehr gut darauf zu achten, dass die gefällten Bäume beim Abtransport nicht mit dem Kot der Schafe in Berührung kommen, da sich sonst ungeahnte Düfte im Wohnzimmer des Konsumenten entfalten können. Beim Decken der weiblichen Tiere ist zu beachten, dass diese zu diesem Zeitpunkt aus der Kultur kommen sollten.

All diese Punkte sind zusätzlich zu beachten, ehe man sich zu einem solchen Experiment hinreißen lässt, das, wenn es funktioniert, natürlich die umweltverträglichste Lösung ist. Es gibt mittlerweile in Österreich einen Verein (ASSS, siehe www.shropshire.at), der sich um die Zucht von Shropshire-Schafen bemüht und bei dem man sich gute Tipps für den Einsatz dieser Rasse in Christbaumkulturen holen kann.

Trotz aller Vorkehrungen, die bei der Haltung von Tieren erforderlich sind, gibt es immer mehr Betriebe, die eine biologische Lösung der Graswuchsminimierung anstreben, seien dies nun Schafe, Gänse oder Hühner. Die Tiere können schließlich auch in einem anderen Betriebszweig genutzt werden, wodurch es zu einem doppelten wirtschaftlichen Nutzen kommt.

Mulcher mit Feinaustastung

Zuletzt sei noch die Möglichkeit erwähnt, den Bereich innerhalb der Baumreihe mit einem sogenannten Mulcher mit Feinaustastung unkrautfrei zu halten. Diese Technik ist inzwischen weitgehend ausgereift, erfordert aber einen hohen Zeitaufwand beim Mulchen sowie einen hohen Zeit- und finanziellen Aufwand, um auch junge Kulturen austasten zu können. Für diese Methode muss **jeder Baum mit einem**

Mulcher mit Feinaustastung

Junger Baum mit Pflock für die Feinaustastung

Pflock versehen werden, weil der Baum selbst in diesem Alter nicht so stabil ist, dass er den Taster auslösen kann. Ein Vorteil ist, dass diese Feinaustastung nicht bei jedem Mulchvorgang notwendig ist. Vielmehr genügt es meist, ein- bis zweimal im Jahr mit der Feinaustastung zu fahren.

Die Kulturpflege

Ist die Auspflanzung abgeschlossen, so beginnt die Pflege der Kultur. Dazu zählen wir das Nachbessern, das Düngen, Mähen, Mulchen oder Offenhalten des Bodens sowie den Korrekturschnitt. Pflanzenschutzhinweise (Herbizid- und Fungizideinsatz sowie Schädlingsbekämpfung) werden im Kapitel Krankheiten und Schädlinge gesondert behandelt.

Nachbessern

Der **Prozentsatz der Nachbesserungen** erstreckt sich von **etwa 5–10 %** und wird in der Regel bei Flachwurzlern (Fichtenarten und flachwurzelnden Tannenarten, wie Veitchs Tanne oder Korea-Tanne) niedriger sein als bei Tiefwurzlern (fast alle anderen Tannenarten, wie z. B. Nordmannstanne, Riesentanne, Colorado-Tanne etc.). Die Ausfälle ergeben sich in erster Linie durch ein schlechtes Anwachsen und in weiterer Folge durch Schäden bei der Unkrautbekämpfung und beim Ausmähen. Nicht alle Tannenarten überstehen den Pflanzschock gleich gut. Eine der unempfindlichsten Tannenarten ist hier zum Glück die am häufigsten gepflanzte Nordmannstanne. Hier gibt es im Normalfall kaum Ausfälle durch das Umpflanzen von der Verschulung in die Christbaumkultur.

Düngung

Die Düngung der Christbaumkulturen wurde bisher häufig nach Gefühl, weniger nach Boden- oder gar Nadelanalysen durchgeführt. Der Markt verlangt jedoch zunehmend neben attraktiven Sorten auch eine gut ausgefärbte Ware. Während auf Ackerstandorten meist ein zu hohes Stickstoffangebot ein zu rasches Wachstum bringt, muss man auf anderen Böden, wie ehemaligen Weideflächen oder frisch planierten Flächen, häufig Nährstoffmängel ausgleichen. Das Düngen ist vor allem **in den ersten drei Jahren sinnvoll**, um der Pflanze optimale Wachstumsbedingungen zu geben und sie vital und konkurrenzfähig gegenüber auftretenden Unkräutern aufwachsen zu lassen.

Hat sich die **Pflanze gut im Boden verankert**, ist sie imstande, die im Boden vorhandenen Nährstoffe zu nutzen. Eine **übermäßige Düngung** in diesem Stadium hat eher **negative Folgen** für die optimale Ausformung des potenziellen Weihnachtsbaumes. Gedüngt wird in diesem Zeitraum nur so viel, dass jene Menge, die der Baum dem Boden entnimmt, wieder ergänzt wird, damit die Nährstoffgehalte im Boden auf annähernd gleichem Niveau bleiben. Eine Ausnahme bilden sehr nährstoffarme Böden. Auf solchen kann es bei einer Unterversorgung zu Gelbverfärbungen der Nadeln kommen.

Zu große Düngergaben, vor allem Stickstoffgaben, wirken sich außerdem auf das Längenwachstum der Internodien aus, das bei ein paar Jahre alten Bäumen ohnehin stark ausgeprägt ist. Der Baum wäre im unteren Bereich dicht, in Augenhöhe aber kahl, was nicht dem Idealbild des Christbaumes entspricht. Ein verstärktes Trieblängenwachstum ist aber vor allem genetisch bedingt bzw. davon abhängig, wie hoch die Niederschlagsmengen in den Monaten Juni und Juli sind. In diesen Monaten erfolgt die Streckung der Zellen, die umso stärker ausfällt, je höher die Niederschlagsmengen in der Streckungsphase der neuen Zellen sind.

Gezielte Düngung ist für gesunde Kulturen (hier: Türkische Tannen) unerlässlich.

Eine **Düngung im reiferen Alter** des Christbaumes kann im Spätsommer vor der Ernte erfolgen, wodurch der Baum ein volleres und grüneres bzw. bei Blaufichten blaueres Aussehen erhält. Dazu wird Ende September/Anfang Oktober mit einem schnell wirkenden Nitratstickstoff gedüngt. Der **Stickstoff** wird dann zwar von der Pflanze noch aufgenommen, aber nicht mehr in Wachstum umgesetzt. Während man also bei spät in der Vegetationsperiode (bei noch wachsenden Pflanzen) zugeführtem Stickstoff mit einer erhöhten Frostgefährdung zu rechnen hat, kann der nach Triebabschluss verabreichte Stickstoff sogar eine erhöhte Frostresistenz bewirken, da durch die Stickstoffaufnahme der Proteingehalt in der Pflanze noch erhöht werden kann. Die Düngung wird mit den dafür vorgesehenen Düngerstreuern durchgeführt oder erfolgt, wenn einzelne schlecht versorgte Bereiche ausgeglichen werden sollen, auch händisch. Wer mit Handelsdüngern arbeitet, wird in erster Linie chloridfreie Mehrnährstoffdünger verwenden, da chloridhaltige Dünger für die Koniferen schlecht bis gar nicht verträglich sind. Bei schwachwachsenden Sorten, wie der Nordmannstanne oder der Blaufichte, kann auch Stickstoff in Form von Kalkammonsalpeter beigemengt werden, um durch einen höheren Stickstoffanteil das Wachstum zu beschleunigen. Studien aus Dänemark, nach denen eine vermehrte Stickstoffgabe bei der Nordmannstanne keinen Einfluss auf das Hö-

Auswahl geeigneter Dünger für Nadelholzkulturen

Dünger	Nährstoffgehalt
Kalk	
Kohlensaurer Kalk	80–90 % $CaCO_3$, 15 % $MgCO_3$
Branntkalk	70–90 % CaO
Phosphor	
Thomasphosphat (kalkhaltig)	15 % P_2O_5
Superphosphat (wasserlöslich, sauer)	18 % P_2O_5
Tripelphosphat	45 % P_2O_5
Kali	
Patentkali	30 % K_2O, 10 % MgO
Schwefelsaures Kali	50 % K_2O
Magnesium	
Kieserit (wasserlöslich)	25 % MgO
Bittersalz (leicht wasserlöslich, für Blattdüngung)	16 % MgO
BioMag	40 oder 53 % MgO
Mehrnährstoffdünger	N : P : K
Nitrophoska (chloridfrei)	20 : 5 : 10
Nitrophoska perfekt	15 : 5 : 20 + MgO + B
Nitrophoska permanent	15 : 9 : 15
Stickstoffdünger	
Kalksalpeter (schnell wirkend)	15,5 % N
Kalkammonsalpeter (schnell, nachhaltig)	22,0 % N
Harnstoff (langsam und nachhaltig)	46,0 % N

henwachstum hat, konnten in unseren Versuchen nicht bestätigt werden.

Sehr wichtig für eine Christbaumkultur ist die ausreichende Versorgung der Bäume mit **Kalium** und **Magnesium**. Diese beiden Nährstoffe können gezielt angewendet werden, um die Ausfallquote zu vermindern und die Vitalität der Pflanzen zu erhöhen. Kali- und Magnesiumgaben sichern nicht nur ein gutes Wachstum, sondern auch ein gesundes Aussehen. Die Nadeln werden größer und erhalten eine ansprechende, satte, volle, meist dunkelgrüne Färbung. Die Benadelung ist dicht, die Nadeln sind dickfleischig ausgebildet. Durch Kali- und Magnesiumgaben erhöht sich nicht nur die Widerstandsfähigkeit der Pflanzen gegenüber Krankheiten, Schädlingen und Frost, sondern auch die Resistenz gegen Trockenheit. Zudem erträgt der Baum die Belastung durch Ernte, Transport und Lagerung besser. Somit ist die Kali- und Magnesiumdüngung fast ein „Wundermittel“ für die Vitalität des Baumes und mit Sicherheit in hohem Maße effektiv.

Sehr häufig zeigen Bodenproben auch einen **Mangel** an **Phosphor** an. Hier ist es günstig, Dünger zu verwenden, die einen sehr hohen Phosphoranteil aufweisen, wie das Tripelphosphat.

Betriebseigene Düngemittel

In Biobetrieben, und davon gibt es ja in der Landwirtschaft immer mehr, ist man auf die betriebseigenen Düngemittel wie Mist und Gülle angewiesen. Diese sind natürlich durchaus brauchbar, meist ist jedoch der genaue Gehalt an Nährstoffen nicht bekannt und damit eine gezielte Düngung auf Basis von Bodenproben nicht möglich. Außerdem ist hier besonders darauf zu achten, dass die Bäume im Erntejahr nicht mehr mit Jauche oder frischem Mist in Berührung kommen.

Um einen ungefähren Anhaltspunkt zu haben, wie sich die Nährstoffverhältnisse in organischen Düngemitteln verhalten, soll an dieser Stelle die Tabelle unten entsprechende Aufschlüsse geben.

Die wichtigsten Nährstoffe im Boden

Es ist nicht nur wichtig, in regelmäßigen Abständen eine Bodenprobe zu nehmen, sondern auch interessant zu wissen, wofür die einzelnen Nährstoffe in den Bäumen zuständig sind, in welchen Mengen sie vorhanden sein sollten, was Überschüsse bzw. Mängel einzelner Nährstoffe für die Pflanzen bewirken können und welche Nährstoffe, wenn sie im Überan-

Nährstoffgehalte von Wirtschaftsdüngern aus der Tierhaltung in kg/t (bei flüssigen Wirtschaftsdüngern in etwa kg/m³)

Art der Tiere	N	P_2O_5	K_2O	CaO	org. Substanz	Wasser
Stallmist von Milchkühen	5,0	3,0	5,0	5,0	175	75,0
Mistjauche	3,0	0,2	9,5	0,3	13	98,2
Stallmistkompost	8,0	5,0	11,0	9,0	155	75
Pferdemist	6,0	3,0	6,0	3,0	225	70
Schafmist	8,0	3,0	7,0	4,0	200	70
Trockenkot von Legehennen	22,0	24,0	14,0	40,0	360	50

Aus: Richtlinien für die sachgerechte Düngung (Bundesministerium für Land- und Forstwirtschaft)

gebot vorhanden sind, die Aufnahme anderer Nährstoffe behindern können. Diesbezüglich ist leider im Allgemeinen viel zu wenig Wissen vorhanden.

Eine harmonische Ernährung, die sich aus den im Boden vorhandenen und für die Bäume verfügbaren sowie durch gezielte Düngung zugeführten Nährstoffen zusammensetzt, danken uns die Bäume durch gutes Wachstum, gute Ausfärbung und bessere Widerstandsfähigkeit gegenüber Krankheiten und Schädlingen. Der größte Bedarf an Nährstoffen durch die Bäume besteht zur Zeit des intensiven Wurzelwachstums. Dies sind vor allem die Zeit des Austriebes sowie die Streckungsphase der Triebe. Natürlich wächst der Bedarf an Nährstoffen auch mit zunehmender Größe der Bäume.

WICHTIG Mengen-/Spurenelemente

Die **Mengenelemente** (Makronährstoffe) sind Stickstoff (N), Phosphor (P), Kalium (K), Kalzium (Ca) und Magnesium (Mg). Zu den wichtigsten **Spurenelementen** (Mikronährstoffe) gehören Bor (B), Mangan (Mn), Eisen (Fe), Kupfer (Cu), Zink (Zn) und Schwefel (S).

Stickstoff

Stickstoff (N) ist ein **Baustein für Aminosäuren**, **Proteine** und **Enzyme**. Er ist zudem besonders wichtig für die **Ausfärbung der Nadeln** und für die **Vitalität** der Bäume. Der N-Bedarf der Bäume wird durch Nitrat- und Ammoniumionen abgedeckt. Nitrationen sind im Boden sehr beweglich und werden daher auch leicht ausgewaschen. Gleichfalls werden sie von den Bäumen schneller aufgenommen, wobei der N-Bedarf der Bäume jedoch meist höher ist als die im Boden vorhandenen Mengen. Ein Überangebot an Ammoniak kann für die Pflanzen toxisch wirken und außerdem die K-, Mg-, Ca-Aufnahme verhindern. Ein Mangel an Stickstoff ist wachstumsbegrenzend, während ein Überangebot vor allem die Krankheitsanfälligkeit der Bäume fördern kann.

Phosphor

Phosphor (P) ist ein **Baustein von Phosphorsäureestern** und am **Stoffwechsel** der Bäume beteiligt. Er ist besonders wichtig für die **Wurzelbildung** und dient dem Aufbau von Nukleinsäuren. Im Boden kommt Phosphor in erster Linie als schwerlösliches Kalziumphosphat vor, weshalb Überdüngungen kaum auftreten. Kommt es doch zu einem P-Überangebot, kann das Längenwachstum der Triebe gebremst werden. Mangelerscheinungen dagegen sind allgegenwärtig und werden oft unterschätzt. Der P-Bedarf liegt bei 20–30 kg pro ha und Jahr.

Kalium

Der Nährstoff Kalium (K) wird als Kaliumion aufgenommen und in organische Verbindungen der Bäume eingebaut. Er beeinflusst die **Stabilität der Triebe** sowie die **Winterhärte** und die **allgemeine Frostbeständigkeit**, da Triebe und Knospen mit K-Mangel erst spät in die Winterruhe gehen. Bei Mangelerscheinungen, die recht häufig auftreten, fallen die Altnadeln zudem früher ab und die Jungnadeln vergilben um die Terminalknospe. Überdosierungen können zu Antagonismen mit Magnesium, aber auch zu verminderter Aufnahme von Spurenelementen führen. Tannen haben einen relativ hohen K-Bedarf. Ausschlaggebend für die Harmonie in den Bäumen ist das N:K-Verhältnis, das bei 1 : 0,75 liegen soll. Grundsätzlich sollten 40–50 kg pro ha und Jahr gedüngt werden.

Kalzium

Der Gegenspieler von Kalium ist Kalzium (Ca). Es ist in den **Zellwänden** eingelagert und wirkt Quellvorgängen des Zellplasmas entgegen. Ca-Mangel führt zu vorzeitigem Nadelfall und Ca-

Überschuss zu Nadelaufhellungen. Maßstab für den Ca-Gehalt im Boden ist der pH-Wert. Optimale pH-Werte für Christbaumkulturen liegen zwischen 5 und 6, wobei niedrige Werte durch eine Kalkung ausgeglichen werden können. Zu hohe pH-Werte sind sehr schwer zu beeinflussen.

Schwefel

Das Spurenelement Schwefel (S) ist ein wesentlicher **Baustein von Aminosäuren** sowie Proteinen und Enzymen. Christbäume benötigen zwischen 30 und 40 kg Schwefel pro ha und Jahr. Der Bedarf wird meist unterschätzt. Ein Überangebot an Schwefel kommt praktisch nicht vor, da er sich mit Kalzium zu Gips verbindet.

Mangan

Mangan (Mn) ist an **Enzymreaktionen**, am Kohlehydrat- und Eiweißstoffwechsel sowie an der **Fotosynthese** beteiligt. Mangelerscheinungen können durch einen Antagonismus bei überhöhtem K-Gehalt auftreten und zeigen sich durch chlorotische bis graubraune Flecken an den Nadeln. Mn-Mangel ist einfach durch Mangansulfat zu beheben. Überschüsse zerstören das Blattgrün, was Vergilbungen der jungen Nadeln zur Folge hat. Somit weisen sowohl Überschüsse als auch Mangelerscheinungen sehr ähnliche Symptome auf.

Eisen

Der Nährstoff Eisen (Fe) ist **Bestandteil von Chlorophyllvorstufen** und ist in Wirkgruppen von Enzymen eingebaut. Eisen hat daher eine besondere Bedeutung für die **Farbe der Nadeln**. Da es Bestandteil des Bodens ist, kommt es kaum zu Mangelerscheinungen. Fe-Mangel ist erkennbar durch vergilbte Nadeln infolge unzureichender Chlorophyllbildung. Zudem führen Mangelerscheinungen mitunter zu einer verstärkten Aufnahme von Mangan.

Bor

Bor (B) wird von den Bäumen als Borsäure aufgenommen, wobei ein erhöhter Ca-Gehalt im Boden die B-Aufnahme reduziert. Bor fördert die **Ausdifferenzierung der Zellen und des Gewebes**. Mit Bor unterversorgte Pflanzen zeichnen sich durch eine geringere meristemische Aktivität aus. Bor gelangt sehr schnell in den Transpirationskreislauf und reichert sich in den Meristemen an, was zu Schädigungen führen kann. Bor und Zink in Kombination fördern die Knospenbildung.

Kupfer

Mangelerscheinungen an Kupfer (Cu), das **in zahlreichen Enzymen** eingebunden ist, sind selten zu beobachten. Sie äußern sich durch vergilbte Nadeln und buschiges Wachstum. Etwaige Mängel sind durch Kupfersulfat zu beheben. Kupfer hat mitunter eine Bedeutung für die Aufnahme anderer Nährstoffe.

Zink

Mangelerscheinungen sind äußerst selten. Zink (Zn) ist bei einigen Enzymen wirksam. Es hat Auswirkungen auf den **Austrieb** und die **Knospenbildung**.

Zusammenfassend ist zu sagen, dass Spurenelemente ebenso wichtig für den Christbaum sind wie die Hauptnährstoffe. Ein ausgeglichenes Angebot ist unabdingbar, um Überdosierungen und damit Antagonismen auszuschließen. Daher sollten grundsätzlich **Mehrnährstoffdünger** verwendet und die durch Bodenproben festgestellten Mängel durch **Spezialdünger** ausgeglichen werden. Dem Dünger beigemengte Spurenelemente, wie Mn, Mb, Cu, Zn, Fe oder B, verbessern die Wirkung der Hauptnährstoffe und gleichen Defizite aus. Durch Volldünger mit Kalium und Zusatz von Spurenelementen werden Christbäume in der Regel ausreichend versorgt.

Mangelerscheinungen und ihre Folgen

Mangel	Folgen
Kalium	Störungen der Enzymreaktionen Beeinträchtigung der Fotosynthese
Kalium und Bor	Verzögerung und Hemmung des Wachstums Zellschrumpfungen Kollabierende Zellen
Kalium und Eisen	Verkleinerung der Chloroplasten Chlorophyllabbau rund um die Terminalknospen
Kalium und Magnesium	Beeinträchtigung der Assimilation Anreicherung von Stärke in den Zellen Beeinträchtigung des Stoffwechsels
Magnesium	Verminderte Ausfärbung der Nadeln
Magnesium und Bor	Störungen in der DNS-Struktur Störungen bei Zellteilungsprozessen
Schwefel	Schlechtere Ausnutzung des Stickstoffs Reduzierung der Fotosynthese
Bor und Kalzium	Beeinträchtigung der Ausbildung von Zellmembranen
Bor, Mangan und Eisen	Störungen in der Atmungskette Anreicherung von Auxinen in den Geweben
Bor	Hemmung der Glukose- und Proteinsynthese
Ungleichgewicht zwischen den Nährstoffen	Störungen im Stoffwechsel Reduzierung des Wachstums der Meristeme Anstieg an löslichen Aminosäuren (Nährstoffsubstrat für Schaderreger) Verringerung der Zellwandstärke Verminderung der Widerstandsfähigkeit gegen Trockenheit, Frost und Schädlingsbefall Schlechte Nadelausfärbung Stickstoff-pH-Wert-Wechselbeziehung ist ausschlaggebend für Streckung der Internodien

Mechanisierung

Noch vor einigen Jahren war es sehr schwierig, Maschinen und Geräte am Markt zu bekommen, die sich für den Einsatz in Christbaumkulturen eignen. Es war notwendig, Maschinen aus dem Obst- und Weinbau anzuschaffen und diese umzurüsten. Inzwischen gibt es aber ein recht großes Angebot an Maschinen und Zugfahrzeugen für die Pflege von Christbaumkulturen, welche bei einschlägigen Messen, besonders auf der größten, diesen Fachbereich betreffenden, in Langesö/Dänemark, aber auch auf Christbaummessen in Deutschland und Österreich vorgestellt werden. Die Mechanisierung hat allerdings, wie es der Produktionsstand erfordern würde, in den Betrieben noch nicht überall Einzug gehalten. Noch immer wird mit zu kleinen und zu wenig belastbaren Maschinen gearbeitet. Der immer stärkere Verzicht auf die ganzflächige Herbizidbehandlung wird die Mechanisierung jedoch noch vorantreiben.

So werden in unserem Betrieb alle Arbeiten, die maschinell möglich sind, mithilfe eines **Schmalspurtraktors** – genau genommen eines Knickschleppers – durchgeführt, der nicht nur optimale Einsatzmöglichkeiten in Christbaumkulturen bietet, sondern durch die Knickausführung und den damit verbundenen kleinen Wendekreis auch ein kurzes Vorgewende und damit eine optimale Ausnutzung der Flächen ermöglicht. Bei kleineren Flächen werden die anfallenden Mäharbeiten auch mit einem Motormäher zu bewältigen sein, aber ab einer Größe der zu bearbeitenden Fläche von etwa 5 ha ist ein Schlepper durchaus rentabel und fast unumgänglich.

Bei diversen Schmalspurschleppern lässt sich die Spur bei entsprechend schmaler Bereifung auf etwa 1 m einengen, sodass ein Fahren durch die Kulturen bei einem Reihenabstand von 1,50 m bis zum Abräumen der Kultur problemlos möglich ist. Eine selbst konstruierte Spezialabdeckung gewährleistet zudem ein optimales Bearbeiten des Unterwuchses bei maximaler Schonung der Bäume.

WICHTIG **Schmale Spurbreite!**

Äußerste Vorsicht ist bei Spurbreiten von 1 m dann geboten, wenn die Flächen auch seitlich geneigt sind. Ein Umkippen des Schleppers ist dann relativ schnell möglich, besonders, wenn es sich um einen Knickschlepper handelt. Vom Hersteller angegebene, maximal befahrbare Neigungsgrade müssen unbedingt beachtet werden!

Knickschlepper mit Spezialabdeckung zum Schutz der Bäume

Der Schnitt

Schnittmaßnahmen gehören ebenfalls zur Pflege von Christbaumkulturen, wobei es aus verschiedensten Gründen erforderlich sein kann, Korrekturschnitte durchzuführen. Alle derartigen Eingriffe aber haben das Ziel, die Ausbeute einer Christbaumkultur zu erhöhen bzw. die Qualität der Bäume zu steigern. Wir sprechen heute deshalb auch von einer sogenannten Qualitätsbeschneidung. Die Notwendigkeit dieser Arbeit variiert sehr stark und ist in erster Linie von der Baumart sowie vom Standort (Lage und Klima) abhängig.

Man kann über den Einsatz des Schnittes geteilter Meinung sein, werden jedoch die Ausbeutezahlen der einzelnen Beschneidungsintensitäten betrachtet, so sprechen diese ihre eigene Sprache und überzeugen selbst den größten Kritiker.

- Überlässt man die Kultur im Hinblick auf den Schnitt sich selbst, produziert man also sogenannte Naturbäume, kann mit einer Ausbeute von 40–50 % gerechnet werden.
- Bei einer reinen Korrekturbeschneidung, die sich auf die Korrektur der Doppelwipfel sowie auf grobe Seitenkorrekturen beschränkt, erhöht sich die Ausbeute bereits auf etwa 50–70 %.
- Bei einer Qualitätskorrektur im vollen Ausmaß des heutigen Wissens kann eine Ausbeute von bis zu 95 % bei zusätzlich besserer Qualität erreicht werden.

Der Reinertrag, der sich daraus ergibt, liegt natürlich weit über diesen Prozentsätzen, da ja die Fixkosten bei einer Ausbeute von 50 % praktisch gleich hoch sind wie bei einer Ausbeute von 90 %. Für die Schnittarbeit kommt lediglich ein Mehrkostenaufwand von 1,50 bis 2,– Euro pro Baum hinzu, wobei dies, je nach Tannen- oder Fichtenart, nur für einen Baumanteil von 30–60 % gilt, da der Rest nicht zu beschneiden ist. Genauere Zahlen und Fakten entnehmen Sie den etwas später angeführten Kalkulationstabellen.

Unter einer **Qualitätskorrektur**, die die höchste Ausbeute verspricht, versteht man folgende Maßnahmen:

- Spitzenkorrektur
- Breitenschnitt
  - Einsatz der Heckenschere („Shearing")
- Spitzenlängenregulierung
  - TOP-STOP-Zange oder Pichlinger Baumbremse
  - Chemische Triebverkürzung
  - Stumpfbeschneidung
- Aufbinden von Trieben
- Lichten der Bäume

Hier sollten die Spitzenlängen reguliert werden.

Beginn der Schnittmaßnahmen

Wir wissen von Züchtern, die den Baum bereits vor dem Auspflanzen in der Kultur einer Korrektur unterziehen, und zwar insofern, als der Stamm des Bäumchens vom Wurzelhals beginnend etwa 5–10 cm (je nach Größe der Pflanze) oder mittlerweile unter Umständen auch zur Gänze von den Seitentrieben befreit wird. Man verspricht sich dadurch einen sauberen Stumpf, den man ansonsten erst beim fertigen Baum mühevoll astfrei machen muss, sowie schonenderen Einsatz von Herbiziden, da dadurch die Gefahr, dass grüne Teile der Pflanze mit dem Herbizid in Berührung kommen, geringer wird.

In der Regel wird jedoch auf diesen Schnitt des Setzlings verzichtet und auch im ersten Standjahr wird nicht korrigierend in das Wachstum der Bäume eingegriffen. Durch die maximale Blattmasse, die dadurch erhalten bleibt, wird ein gutes und schnelles Anwachsen der Pflanze erreicht. Diese Aussage gilt auch für Pflanzen mit einem Doppelwipfel.

Entasteter Setzling

Ab dem 2. Standjahr greifen wir dann, wenn notwendig, erstmals in den Wachstumsprozess ein, und zwar durch die Korrektur von Doppelwipfeln bzw. durch leichte Seitenkorrekturen. Ab dem 3. Standjahr kommen schließlich, je nach Notwendigkeit, alle Punkte der Qualitätsbeschneidung zum Einsatz.

WICHTIG **Vernarbungen**

Ein Grundprinzip, das für alle derartigen Eingriffe gilt, ist, dass der Schnitt zeitlich so gewählt wird, dass eine möglichst kleine und saubere Vernarbung der Schnittwunden bis zur Vegetationsruhe gewährleistet ist.

Die Qualitätsbeschneidung

Spitzenkorrektur

Ein Baum mit zwei Wipfeln ist zwar nicht unbedingt vom Verkauf auszuschließen, bedeutet aber in einer Qualifizierung, wie sie z. B. in Dänemark gesetzlich festgelegt ist, das Absinken von einer Qualität erster Klasse auf eine Qualität zweiter Klasse. Diese Qualitätsnormen sind bei uns zwar noch nicht gesetzlich geregelt, aber jeder weiß, dass ein Baum mit zwei Wipfeln bestenfalls an einen „Liebhaber“ gut zu verkaufen ist. Qualitätsregelungen wird es aber mit Sicherheit dort geben müssen, wo sich erste Verkaufsgemeinschaften oder exportorientierte Produktionsgemeinschaften gebildet haben, was in nächster Zeit verstärkt zu erwarten ist.

Es werden also aus diesem Grund **Doppelwipfel** nach Möglichkeit **korrigiert**. Man konzentriert sich dabei auf den Wipfel, der die bessere Stellung aufweist. In Sonderfällen (bei

Diese Korea-Tanne hat keinen Wipfel.

Nun ist ein Wipfel erkennbar.

stark wachsenden Baumarten) kann auch der Wipfel, der den schwächeren Wuchs aufweist, beibehalten werden. Eine Beschneidung der Doppelwipfel ist bis zum letzten Jahr des Baumes in der Kultur möglich und wird beim ersten Schnitt (2. Standjahr) im Winter oder im Frühjahr erfolgen und in den darauffolgenden Jahren eher später, also in der Vegetationsperiode unmittelbar nach der Stabilisierung der einjährigen Triebe.

Es ist ratsam, Doppelwipfel nicht zu früh zu entfernen, da man so bei einer Schädigung eines der beiden Triebe, insbesondere durch Vögel, auf den zweiten Wipfel zurückgreifen kann. Übersieht man Doppelwipfel im Frühstadium der Kultur, kann es sein, dass sich der Baum im Laufe der Jahre selbst auf einen Stamm reduziert. Solche Bäume können allerdings bei der Ernte auseinanderfallen, weil sie im unteren Bereich zweistämmig sind, wodurch sie für den Verkauf verloren sind.

Breitenschnitt

Unter einem Breitenschnitt versteht man die **seitlichen Korrekturen des Baumes,** die aus zwei Gründen vorgenommen werden können: zum einen werden damit Unregelmäßigkeiten in der Rundung des Baumes beseitigt, zum anderen kann ein nicht optimaler Winkel der Baumkrone korrigiert werden.

Unregelmäßigkeiten in der Rundung des Baumes (Symmetrie)

Der Baum sollte rundum gleichmäßig breit sein, in seinem Querschnitt also möglichst in jeder Höhe einen Kreis bilden, wobei der Stamm nach Möglichkeit immer den Mittelpunkt bilden und sich der Durchmesser der Kreise nach oben gleichmäßig verkleinern sollte (Kegelform). Diese Korrekturen können natürlich, vor allem im unteren Bereich, auch bis in das mehrjährige Holz gehen. Zu beachten ist dabei, dass es in den Folgejahren durch einen zu starken Eingriff nicht zu unerwünschten Kronenverschiebungen kommt, die nicht dem Idealbild entsprechen. Vorbeugen kann man einem zu starken Eingriff, indem man dem Baum frühzeitig mit einer Gartenschere oder einer Heckenschere eine optimale Kegelform gibt und nicht erst nach jahrelangem Fehlwuchs stark eingreifen muss.

Ein idealer Zeitpunkt für einen solchen Eingriff wären die Wintermonate, da sich der Baum dadurch frühzeitig auf die neue Situation einstellen und im Frühjahr sofort beginnen kann, darauf zu reagieren.

Hat der Baum einmal seine ideale Kegelform mit dem für die Größe idealen Baumwinkel, so behält er diese zeitlebens bei, und es sind in den Folgejahren nur noch kleine Korrekturen im oberen Astkranz notwendig. Dadurch verringert sich auch der Zeitaufwand für weitere Korrekturen auf ein Minimum. Ziel sollte es sein, dass sich nach dem 4. Standjahr kein Baum mehr in der Kultur befindet, der zu breit ist. Bei der Korrektur wäre auch darauf zu achten, dass der Baum im unteren Bereich immer den kürzesten Jahrestrieb macht, dass sich der Winkel in den Folgejahren also automatisch verändert. Je größer der Baum, umso spitzer der Winkel.

Nicht optimaler Winkel der Baumkrone

Die **Tendenz** am Markt geht sehr deutlich zum **schlanken Christbaum**, da immer weniger Platz für den Baum in den Wohnungen bereitsteht. Daher ist es von Vorteil, die Produktion auf diese Bedürfnisse auszurichten, das heißt, wir müssen schlanke Bäume produzieren. Es gibt zwar Baumarten, die von Natur aus einen schlanken Wuchs aufweisen, wie z. B. die Korea-Tanne, aber bei vielen anderen Arten ist ein Qualitätsschnitt in diese Richtung notwendig oder von Vorteil und in vielen Fällen auch gut möglich. In den USA geht man sogar so weit, dass man beispielsweise die Douglasie mit einem Buschmesser gleichmäßig zu einem Kegel formt und diesen dann in der Folge als Weihnachtsbaum verwendet. Diese Technik nennt sich Shearing.

Unter **Shearing** versteht man das Beschneiden des Christbaumes mit einer Heckenschere, einer Machete oder einem mechanischen Mähwerk. Es ist dies eine Methode, die an einem sehr hohen Prozentsatz der amerikanischen Christbäume angewendet wird, um einerseits den Baum dichter zu machen und andererseits dem Baum ein Universalbild zu geben. Durch das Beschneiden gleicht ein Baum dem anderen. Die Amerikaner kennen den offenen reihigen Christbaum, wie wir ihn verwenden, praktisch gar nicht.

Beschneiden mit der Heckenschere

Für große Flächen gibt es hierfür eigene Maschinen, die mit einem Schneidewerk automatisch rund um den Baum herumschneiden. Dazu wird der Mähbalken mit einem vorgegebenen Winkel an den Baum angelegt und schneidet den Christbaum schließlich zu einem gleichmäßigen Kegel. Für die Produktion werden vor allem schnell wachsende Baumarten verwendet wie Douglasie, Frasertanne oder Kiefern.

Diese Arbeit wird über mehrere Jahre durchgeführt und im letzten Jahr vor der Ernte zu einem Zeitpunkt, an dem der Baum noch gut verwachsen und vernarben kann, sodass man die Schnittstellen nicht mehr sehen kann.

Die Methode des Shearing hat mittlerweile auch in Europa Einzug gehalten, obwohl hier bestenfalls ein kleiner Prozentsatz solcher Bäume an den Mann zu bringen ist, da der Europäer eher den reihigen, offenen natürlichen Baum bevorzugt.

Hierzulande werden vor allem Bäume mit einer sehr schlechten Form und Dichte beschnitten, da man sie dadurch noch zu gut brauchbaren Bäumen formen kann. Derartig behandelte Bäume lassen sich auch sehr gut behängen, da die Zweige durch das Beschneiden auch stabiler werden. In Amerika werden diese Bäume mitunter so dicht mit Schmuck behängt, dass der Baum darunter kaum mehr zu erkennen ist.

Beschnittene Bäume werden in der Regel auch immer dichter. Da manche Kunden einen offenen reihigen Baum mit entsprechendem Reihenabstand wollen, sollte man aber darauf achten, **keine vollkommene Uniformierung** des Baumes zu erreichen. Die Geschmäcker der Kunden sind mitunter sehr verschieden. So ist es heute auch durchaus möglich, z. B. einen säulenartigen Baum, der noch vor Jahren kaum verkaufbar gewesen wäre, an den Mann zu bringen.

Vollständig beschnittene Bäume (Shearing)

Die **Korrektur** des **Kronenwinkels** ist nur bedingt in einem Jahr zu erreichen, man beginnt damit daher besser schon einige Jahre vor dem Verkauf. So ist der Eingriff nicht zu stark und die Vernarbung verläuft optimal. Hat man einmal mit einer Winkelkorrektur begonnen, ist es allerdings alljährlich notwendig, diese Schnittarbeiten fortzuführen, da der Baum ansonsten im oberen Bereich plötzlich überbaut und die gewünschte Form, die sich nach oben gleichmäßig verjüngen soll, verliert. Der Aufwand dafür ist aber minimal, da nur der letzte Astkranz leicht korrigiert werden muss. Das ist ein zeitlicher Aufwand von einigen Sekunden.

Das Entfernen der einjährigen seitlichen Haupttriebe ermöglicht eine einfache und schonende Korrektur des Baumwinkels.

Man bedient sich hier am besten der Methode des „Snippens". Dabei wird der grüne, noch vollkommen unverholzte Trieb mit zwei Fingern an der gewünschten Stelle abgebrochen. Es ist hierbei nicht notwendig, auf vorhandene Knospen zu achten, da sich an der Bruchstelle meist wieder eine neue Endknospe bildet oder die erste Knospe nach der Bruchstelle die Funktion der Endknospe übernimmt.

Reduktion von einjährigen Trieben

Viele Tannenarten haben bei ihren Seitentrieben unter dem eigentlichen Haupttrieb einen zweiten, etwas schwächeren Trieb („Zunge"), wodurch es möglich ist, den Haupttrieb zu entfernen, ohne das Aussehen des Baumes gravierend zu verändern. Der Gesamtdurchmesser des Baumes wird damit jedoch sehr einfach, schonend und wirkungsvoll verkleinert und die Zunge übernimmt die Funktion des entfernten Endtriebes.

Auf die Zunge schneiden

Herauszwicken der Terminalknospe

Eine andere Möglichkeit, mit der der gleiche Effekt zu erreichen ist, nämlich die Verringerung des Durchmessers, wäre das Herauszwicken der seitlichen Terminalknospe schon vor dem Austreiben des Baumes im Frühling. Dies sollte am besten mit den Fingernägeln gemacht werden, da die umliegenden Knospen so am ehesten geschont werden. Das Herauszwicken der Terminalknospe ist wohl die schonendste aller Seitenkorrekturen. Diese Maßnahme ist bis zum Herbst desselben Jahres auch praktisch nicht mehr zu erkennen.

Eine Variante wäre auch, den **gebildeten Seitentrieb gleich nach dem Austrieb auszupflücken**. Diese Arbeit ist viel einfacher und schneller durchzuführen als ein späteres Herausschneiden. **Zwei Punkte sollten dabei aber berücksichtigt werden:**

- Man sollte aus Erfahrung wissen, ob eine solche Korrektur überhaupt notwendig und sinnvoll ist.
- Die verbleibenden Seitentriebe wachsen umso schneller, je früher diese Korrektur erfolgt.

Zusammenfassend sei gesagt, dass ein Breitenschnitt bei allen Tannen- und Fichtenarten relativ problemlos möglich ist.

Spitzenlängenregulierung

Einige Tannenarten, besonders wenn sie auf sehr nährstoffreichen Böden stehen, neigen nach den ersten drei Jahren in der Kultur zu einem stark gesteigerten Höhenwachstum, sodass der Baum plötzlich nicht mehr dem Idealbild eines Christbaumes entspricht. Hier ist es besonders wichtig, korrigierend einzugreifen, da diese Bäume sonst praktisch nicht zu verkaufen sind. Besonders gravierend wirkt sich dieses gesteigerte Höhenwachstum bei ohnehin sehr schnell wachsenden Arten wie der Veitchs Tanne oder der Fraser-Tanne aus. Bei diesen Arten liegt der Prozentsatz der zu behandelnden Bäume weit höher als bei fast allen anderen Tannenarten. Sie sind allerdings neben der

Ein überlanger Wipfel …

… wird abgebrochen.

Korea-Tanne auch jene Arten, bei denen eine Spitzenlängenkorrektur gut möglich ist.

Bedeutsam ist der Zeitpunkt dieser Korrektur. Sie ist **durchzuführen, wenn der Trieb noch vollkommen weich** ist und noch keinerlei Spuren der Verholzung zu erkennen sind. Diesen Korrekturzeitpunkt richtig anzusetzen, erfordert sehr viel Erfahrung und Feingefühl, er kann sogar innerhalb derselben Sorte von Baum zu Baum verschieden sein. Wann genau der Terminaltrieb sein Wachstum einstellt oder wie weit die Längenstreckung zu einem bestimmten Zeitpunkt fortgeschritten ist, kann nicht pauschal gesagt werden. Im Zweifel ist es besser, eine geringe Überlänge zu akzeptieren, als wegen einiger weniger Zentimeter korrigierend einzugreifen. Wir akzeptieren bei unseren Bäumen eine maximale Länge des Wipfels von etwa 40–50 cm (je nach Größe des Baumes) und beginnen spätestens ab diesem Zeitpunkt, in das Längenwachstum einzugreifen.

Der Schnitt oder Bruch sollte immer **knapp über einem möglichst gut entwickelten Auge** erfolgen, mit gleichzeitiger Rücksicht darauf, dass sich unter diesem Auge ein möglichst vollständiger Knospenkranz (mindestens drei bis vier Augen) befindet. Erst das gibt uns die Gewähr, dass sich im darauffolgenden Jahr ein akzeptabler Wipfel sowie ein geschlossener Astkranz bilden können. Der Schnitt sollte leicht schräg erfolgen, vom oberen Ansatz der ausgewählten Knospe schräg in Richtung Boden zeigend. Diese Schnittführung gibt der Knospe erst die Möglichkeit, sich bis zum Verholzen des Triebes über den Trieb zu stellen, da sich die Schnittfläche zusammenzieht, beim Zuwachsen verkleinert und dadurch die Knospe nach oben zieht. Im Idealfall steht die Knospe im Spätsommer senkrecht über dem Trieb. Somit ist eine optimale Ausgangssituation für den nächstjährigen Terminaltrieb zu erreichen. Grundvoraussetzung für das Aufstellen der angeschnittenen Knospe ist allerdings, dass noch keinerlei Ansätze zur Verholzung zu erkennen sind. Schneidet man die Knospe zu spät an, erweist es sich im kommenden Jahr als wesentlich schwieriger, einen schönen Terminaltrieb zu erreichen. Besonders schwierig gestalten sich derartige Korrekturen dann, wenn Knospenkränze in der gewünschten Höhe fehlen. Solche Korrekturen haben meist aufwendige Korrekturarbeiten in den darauffolgenden Jahren zur Folge, worunter natürlich auch die Qualität des Baumes leidet. Gerade in den Monaten Juni und Juli, in die diese Korrekturarbeiten fallen, ist es erforderlich, regelmäßig durch die Kulturen zu gehen, da sich die Situation im Bereich des Terminaltriebes innerhalb weniger Tage sehr stark verändern kann.

Der direkte Eingriff in die Länge des Terminaltriebes durch Abschneiden in der gewünschten Länge ist allerdings immer die letzte Lösung. Diese Variante wird auch immer seltener angewandt, da es inzwischen bessere, schonendere vorbeugende Maßnahmen gibt, um Trieblängen zu reduzieren. Die wichtigste und auch interessanteste schonende Maßnahme ist die Anwendung der Top-Stop-Zange bzw. der Pichlinger Baumbremse.

Das Anschneiden der potenziellen Terminalknospe

Die Knospe stellt sich über den Trieb.

Der angeschnittene Knospenspieß hat sich über den Sommer wunderbar über den Trieb gestellt.

Zur Unterstützung des Terminaltriebes werden Holzstäbe angebunden.

Top-Stop-Zange

In Dänemark wurde eine Zange entwickelt, mit deren Hilfe die Länge des Terminaltriebes beachtlich eingekürzt werden kann, ohne dass der Trieb abgeschnitten werden muss. Indem die Rinde auf zwei Seiten des Triebes bis zum Kambium eingeschnitten wird, wodurch der **Wasserstrom und die Nährstoffzufuhr gehemmt** werden, wird das Wachstum der Triebe eingebremst. Der Effekt steigert sich mit der

Anzahl der Schnitte. Behandlungszeitpunkt ist das Frühjahr bis zum beginnenden Austrieb.

Die Zange ist durch ein Patent geschützt und daher sehr teuer. Praktisch derselbe Effekt lässt sich allerdings auch durch eine sogenannte Kabelzange erzielen, die wesentlich billiger (10 % vom Preis der Top-Stop-Zange) im Handel erhältlich ist. Der Nachbau der Top-Stop-Zange ist allerdings strafrechtlich geschützt. Die zu erzielende Einkürzung des Terminaltriebes kann mit 20–25 % angegeben werden und entspricht in etwa der Trieblänge, die der Baum mit zunehmendem Alter von Natur aus zulegt. Der Prozentsatz der Einkürzung steigert sich nicht prozentmäßig mit der Anzahl der Schnitte, sondern wird prozentuell immer weniger (drei Schnittpaare bedeuten 80 % der möglichen Einkürzung, sechs Schnittpaare bedeuten 90 % der möglichen Einkürzung).

WICHTIG **Fehlanwendungen**

- Wird der Schnitt rund um den Trieb geführt, so sterben die darüberliegenden Teile ab.
- Schneidet man mit der Zange nicht nur durch das Kambium, sondern in das Holz, so kann der Trieb dort früher oder später abbrechen. Das kann auch noch Jahre nach der Behandlung passieren.
- Wird die Methode zu spät im Frühjahr angewandt, so kann es zu Schädigungen des neuen Triebes kommen, weil er plötzlich zu wenig Saft bekommt. Im schlechtesten Fall stirbt der Trieb ab, aber oft ist auch ein Aufstellen der Seitentriebe im obersten Astkranz die Folge, weil der Terminaltrieb vorübergehend eine seiner Funktionen nicht ausüben kann, nämlich das Aussenden von Phytohormonen, die den Seitentrieben mitteilen, dass sie waagrecht wachsen müssen.

Pichlinger Baumbremse

Auf Grundlage der Top-Stop-Zange haben wir eine Zange entwickelt, die sich vor allem für größere Bäume hervorragend eignet. Da wir in Versuchen festgestellt haben, dass der Prozentsatz der Einkürzung umso größer wird, je tiefer am Baum man den Schnitt ins Kambium ansetzt, haben wir eine Zange entwickelt, mit der man auch an der Basis des Stammes, auch bei größeren Stammstärken, den Schnitt ansetzen kann und damit noch bessere Erfolge in der Einkürzung erzielt. Die Gefahr, dass durch starkes Andrücken Schäden an darüberliegen-

Die Top-Stop-Zange

Pichlinger Baumbremse

den Teilen entstehen, ist dadurch gleich Null. Die Pichlinger Baumbremse ist so wie die Top-Stop-Zange bei der Firma „Heidegesellschaft" erhältlich.

Weitere Möglichkeiten zur Trieblängenverkürzung

Chemische Trieblängenregulierung

Diese Methode der Trieblängenreduktion wurde ursprünglich vom Getreidebau übernommen, wo schon lange Zeit Halmverkürzungen durchgeführt werden. Von Dänemark ausgehend, wo schon seit Jahrzehnten chemische Trieblängenregulierung bei Christbaumkulturen betrieben wird, hat sich diese Methode auch in die anderen europäischen Länder ausgebreitet. Dieser Eingriff in Form einer chemischen Behandlung war anfangs weder anwendungstechnisch noch von den verwendeten Wirkstoffen her ausgereift. Die chemische Triebverkürzung hat sich jedoch in den letzten Jahrzehnten zu völlig anderen Mitteln hin entwickelt, die dem Baum nicht eine Stauchung und damit kürzere Triebe aufzwingen, sondern versuchen, den Baum im Rahmen seiner eigenen Möglichkeiten zu manipulieren.

Die neue Generation der Wirkstoffe sind keine Gifte mehr, sondern sind schon im Baum vorhanden. Sie steuern dort das Wachstum, indem Phytohormone angeregt werden, ihre Arbeit im Baum intensiver durchzuführen. Der Baum bekommt also durch diese Mittel die Information, das Zellwachstum zu bremsen.

Chemische Triebverkürzung

Das geht so weit, dass der Produzent mit diesen Mitteln die Möglichkeit hat, das Wachstum im Sommer bei Erreichen der gewünschten Trieblänge (etwa 40cm) abzustoppen, damit der Trieb nicht mehr länger wird. Das gilt allerdings nur für den Terminaltrieb, was bedeutet, dass die Bäume zwar kleiner bleiben, aber dadurch auch breiter werden. Diese breiteren Bäume muss man dem Kunden erst schmackhaft machen oder erst wieder mechanisch korrigierend eingreifen. Sinnvoll ist es daher, alle Möglichkeiten auszuschöpfen, um dem Kunden schöne, ansprechende Bäume anbieten zu können.

Mittel, die in diesem Zusammenhang genannt werden, sind: Excelero, Conshape, Fruitone, Tirabol – immer in Verbindung mit einem Netzmittel. Sie werden nicht mit einer Düse gespritzt, sondern mit Hilfe von Doppelrollen auf den Terminaltrieb aufgerollt (siehe Bild).

Auswahl der richtigen Bäume

Wer nicht vorhat, sich intensiver mit Triebverkürzungen zu beschäftigen, wird z. B. mit der Veitchs Tanne, die ohne entsprechende „Bremse" keine befriedigend kurzen Trieblängen produziert, keine große Freude haben. Einige schnellwachsende Baumarten können ab dem 4. oder 5. Standjahr Trieblängen bis zu 1 m produzieren. Solche Bäume sind dann als Christbaum sicher nicht brauchbar.

Besonders langsam, und dadurch sehr kompakt, wächst dagegen z. B. eine Tanne der Art *A. bornmuelleriana* oder die eine oder andere Herkunft der Nordmannstanne. Bei diesen Bäumen wird man auch weit weniger Zeit aufwenden müssen, um die gewünschten Trieblängen zu erreichen. Diese beiden sind auch die Hauptbaumarten, die heute bei uns als Christbäume verwendet werden.

Vermeidung von Stickstoffschüben

Wiesenflächen oder eingebrachte Gründüngungen bringen, wenn man sie in den Boden einarbeitet, plötzlich große Mengen an pflanzenverfügbarem Stickstoff, der natürlich auch einen starken Anteil an der Auswirkung auf die Trieblänge hat. Solche Schübe sollten deshalb ab dem 3. oder 4. Standjahr unbedingt vermeiden werden. Gemähte oder gemulchte Flächen gewährleisten eine bessere Harmonie im Boden und ein intensiveres Bodenleben. Doch auch bei diesen Varianten ist die Menge an verfügbarem Stickstoff durch die Humusbildung größer als bei einer Offenhaltung des Bodens. Ehemalige Ackerflächen sind in der Regel ebenfalls mit Stickstoff überversorgt und mit Vorsicht zu verwenden. Bodenproben geben meist gute Ergebnisse über den Grad der Nährstoffversorgung im Boden.

Anbaugerät für die Wurzelbeschneidung zwischen den Reihen

Wurzelbeschneidung

Mit der Wurzelbeschneidung sind sehr gute **Reduzierungen der Trieblänge durch einen Doppeleffekt** zu erreichen, der sich daraus ergibt, dass

1. durch die Reduktion der Wurzelmasse eine geringere Aufnahme von Wasser und den darin gelösten Nährstoffen erfolgt und dass
2. das Verhältnis von Phytohormonen und Cytokininen im Baum gestört wird.

Durch den Rückschnitt der Wurzeln wird der Baum angeregt, neue Wurzeln zu bilden. Diese wiederum produzieren mehr Cytokinine, als dies sonst der Fall wäre. Die Cytokinine wirken den Phytohormonen entgegen, die ihrerseits für die Zellstreckung verantwortlich sind. Die Zellstreckung wird somit vermindert, was wiederum eine Triebverkürzung zur Folge hat.

Der Wurzelschnitt ist allerdings **gerade bei der Nordmannstanne sehr schwierig**, da diese eine extreme Pfahlwurzel aufweist, die in der Regel senkrecht nach unten geht. Dadurch ist es bei einem seitlichen Vorbeischneiden kaum möglich, die Wurzelmasse zu reduzieren. Unter dem Baum zu schneiden, erfordert einen sehr hohen Kraftaufwand, der meist mit Spurrillen, verursacht durch das Zugfahrzeug, einhergeht. Sehr gute Erfolge erzielt man mit dieser Methode bei flachwurzelnden Baumarten wie Fichten, Korea-Tannen, Veitchs Tannen, Nikko-Tannen und Ähnlichen.

Durchbohren des Triebes

Viele Ideen wurden geboren, um die Trieblänge zu optimieren und viele davon sind nur Spielereien und werden dadurch kaum angewandt. Eine davon ist das Durchbohren des Terminaltriebes. Auch damit wird der Wasserstrom in der Pflanze unterbrochen bzw. gebremst, allerdings nicht wie bei der Behandlung mit der Top-Stop-Zange, wo der Transport auf dem

Weg zwischen Rinde und Holz nach unten behindert wird. Der Wassertransport im Holz wird vielmehr von unten nach oben eingeschränkt. Es wird dabei der Trieb mit einem Dorn unter dem letzten Knospenkranz durchbohrt, wobei eine höhere Anzahl von Stichen die Reduktion der Trieblänge stärker beeinflusst.

Stumpfbeschneidung

In Dänemark und teilweise auch in Deutschland und Österreich wird eine sogenannte Stumpfbeschneidung durchgeführt, das heißt, dass der Stamm im unteren Bereich bis zu einer Höhe von etwa 20–25 cm von den Seitentrieben befreit wird. Dies erfolgt entweder händisch mit der Gartenschere oder mit Maschinen, die mittels einer rotierenden Walze mit Messern die vorhandenen Triebe entfernen. Man verspricht sich dadurch eine Arbeitserleichterung und einen geringeren Zeitaufwand bei der Ernte, da diese Arbeit in eine Zeit verlegt wird, die in der Christbaumkultur keine Arbeitsspitzen bringt (März bis Mai). Der Stamm ist somit im unteren Bereich frei von Trieben und man sieht bei der Ernte des Baumes sehr gut zum Stamm und muss nicht mühevoll Äste zur Seite schieben, um mit der Motorsäge zum Stamm zu gelangen.

Maschine zur Stumpfbeschneidung

Stumpfbeschneidung

Auch die Stumpfbeschneidung kann zur Trieblängenreduktion beitragen. Die Ursache ist hier eine Reduktion der Assimilationsfläche. Der Prozentsatz der Verkürzung kann dabei an die Erfolge, die mit der Top-Stop-Zange zu erreichen sind, herankommen, ist aber natürlich nur einmalig möglich. Meist wird die Stumpfbeschneidung bei einer Baumgröße von 1–1,5 m angewandt, da es ab dieser Größe sinnvoll wird, Trieblängen einzukürzen.

Aufbinden von Trieben

Nach einer Korrektur des Wipfels oder nach dem Ausfall der Terminalknospe ist es oft notwendig, den neuen Wipfel bei seiner Entwicklung zu unterstützen. Dies erfolgt bei uns mit feinen Holzstäben in einer Länge von 30–40 cm, die mithilfe von feinen, plastikübermantelten Drähten an den Stamm gebunden werden. Der frische Trieb muss so angebunden werden, dass er die Möglichkeit hat, sich sowohl in die Breite als auch in die Länge zu dehnen, da sonst Krümmungen auftreten und der Trieb in dieser gekrümmten Form verholzt (siehe auch Bild auf Seite 100).

Nach dem Abbrechen des Wipfeltriebes durch Vögel oder bei mechanischen Schädigungen ist es in den meisten Fällen besser, auf einen neuen Trieb zu warten, der sich im nächsten Jahr aus einer Knospe bildet, die sich meist im Bereich der Bruchstelle entwickelt. Seitentriebe aus dem obersten Kranz zu einem Wipfel umzufunktionieren, ist meist nicht zielführend bis unmöglich. Als Ausnahme wäre hier die Blaufichte anzuführen, wo dies doch eher problemlos funktioniert.

Wartet man mit der Wipfelbildung auf das nächste Jahr, so sind seitliche Korrekturen vor allem am obersten Astkranz, der zusätzlich zum stärkeren Wuchs auch dazu neigt, sich nach oben zu biegen, unumgänglich. Der Astkranz muss sehr stark eingekürzt oder zur Gänze entfernt werden, um einer vorhandenen oder sich bildenden Knospe genug Licht und Kraft zu geben, sich als Wipfel entwickeln zu können.

Die zum Anbinden verwendeten Stäbe und Drähte müssen unbedingt noch im selben Jahr wieder entfernt werden, da es sonst zu Einschnürungen kommt oder der Draht in den Trieb einwächst und dadurch eine Schwachstelle erzeugt, an der der Baum schließlich abbrechen kann. Der richtige Zeitpunkt ist dann gegeben, wenn sich der Trieb so weit stabilisiert hat, dass er beim Lösen der Drähte nicht mehr von der angestrebten Position abweicht. Ist dies nicht der Fall, muss er noch einmal angebunden werden.

Das Lichten von Bäumen

Mitunter sind vor allem bei Nordmannstannen die Astreihen in den ersten Jahren zu eng, was ein Behängen des Weihnachtsbaumes sehr schwierig macht. Je nach Geschmack werden sich also Kunden für einen dichteren oder aufgelockerten Baum entscheiden. Ein generelles Auslichten ist daher nicht anzustreben, sehr wohl kann aber durch das Auslichten in bestimmten Fällen eine Qualitätssteigerung erzielt werden. Das wird vor allem dann der Fall sein, wenn der Baum in jungen Jahren am Boden „sitzen geblieben“ ist und später plötzlich sehr lange Terminaltriebe produziert hat. Das bedeutet, dass der Baum im unteren Bereich sehr dicht und im oberen Bereich reihig, mit relativ langen Internodien, ist. In diesem Fall ist es von Vorteil, ganze Astkränze aus dem unteren Bereich des Baumes zu entfernen, da er dadurch ein gefälligeres Aussehen bekommt. Wenn man dann auch noch die Möglichkeit hat, die anfallenden Triebe als Reisig zu verkaufen, so ist zumindest die Arbeit weitgehend bezahlt.

TIPP Praktische Erfahrungen

Zusammenfassend sei gesagt, dass alle diese Aussagen über die Beschneidung der Christbäume nur einen kleinen Leitfaden für die Praxis darstellen, da genaue Zusammenhänge zwischen den Schnittmaßnahmen und den daraus resultierenden Reaktionen der Bäume überhaupt nicht generell darstellbar sind, weil nicht nur jede Sorte, sondern auch einzelne Bäume innerhalb derselben Sorte unterschiedlich reagieren können.

Es erfordert also sehr viel Erfahrung und sehr genaues Beobachten sowie ein bestimmtes unternehmerisches Geschick, um hier richtig zu handeln. Für all diese Maßnahmen ist ein theoretisches Wissen allein nicht ausreichend, sondern es braucht dazu auch ein reichliches Maß an praktischer Erfahrung.

Ausgelichteter Baum

Krankheiten und Schädlinge

Verschiedenste Krankheiten und Schädlinge machen es dem Weihnachtsbaum mitunter schwer, vor dem großen Fest in seiner vollen Pracht dazustehen. Bedingt durch hohe Luftfeuchtigkeit oder hohe Niederschläge, oft aber auch standortbedingt durch ein ungünstiges Mikroklima oder als Folge einer unausgewogenen Ernährung treten in den Christbaumkulturen mitunter verschiedene Erkrankungen auf, die unbedingt behandelt werden müssen, will man im Dezember einen gesunden Baum auf den Markt bringen.

WICHTIG **Krankheitsursachen beheben**

Zu beachten ist, dass manche Krankheiten und Schädlinge erst als Folgeerscheinung nach vorangegangener Schwächung der Pflanzen auftreten. Sollte dies der Fall sein, so hilft es nicht, nur die Krankheit zu behandeln, sondern es gilt vor allem den Grund der Schwächung herauszufinden und zu beseitigen.

Eine **rein biologische Produktion** von Christbäumen sehe ich **im kleinen Rahmen** als **durchaus möglich** an, da bei kleineren Kulturen auch der Schädlingsdruck weit geringer ist und man bei entsprechender Werbung für den biologischen Anbau auch einmal leichte Qualitätsverluste in Kauf nehmen kann. Aber auch nicht biologisch wirtschaftende Betriebe sollten im Sinne der Umwelt in allen Fällen auf vorbeugende Spritzungen gegen irgendwelche vielleicht auftretende Schädlinge verzichten. Integrierter Pflanzenschutz ist angesagt.

Eine Reihe von **vorbeugenden Maßnahmen** helfen, die Kulturen gesund zu halten. Zunächst sollten nur **luftige Flächen in höheren Lagen** bepflanzt und **Emissionslagen gemieden** werden. Neben pilzlichen Schädlingen gibt es jedoch noch viele andere Faktoren, die für eine optische Abnormität des Weihnachtsbaumes ausschlaggebend sein können. Um einen möglichst großen Erfolg mit seiner Christbaumkultur zu haben, sollte man immer sehr **aufmerksam durch die Kulturen gehen**, um keinem Schädling die Möglichkeit zu geben, sich übermäßig auszubreiten. Eine Lupe (1 : 10) sowie eine Rebschere sind dafür sehr wichtige Utensilien und sollten unbedingt zur ständigen Ausstattung jedes Christbaumzüchters gehören.

Bevor man sich dazu entschließt, eine Insektizidbehandlung durchzuführen, etwa gegen den immer stärker auftretenden Grünrüssler, sollte man sich bewusst werden, dass durch eine Behandlung mit entsprechend wirksamen Mitteln gegen schädliche Insekten auch die gesamte Palette an Nützlingen, wie Marienkäfer, Glasflügler etc., eliminiert und dadurch in das natürliche Verhältnis von Nützlingen und Schädlingen eingegriffen wird.

Die wichtigsten in diesem Buch behandelten Schädlinge und Schadbilder

Pilzbefall

Tannennadelrost (*Pucciniastrum epilobii*)

Dieser Pilz gehört zu den heterözischen Rostpilzen, die **für ihre Entwicklung** zwei bestimmte **Wirtspflanzen** benötigen. Beim Tannennadelrost ist dies das **Schmalblättrige Weidenröschen**. Der Erreger der auch als Weißtannen-Säulenrost bezeichneten Krankheit beginnt seine Entwicklung auf jungen Nadeln von Tannen, wo es im Sommer auf der Nadelunterseite zur Ausbildung weißer, stiftförmiger Sporenbehälter kommt. Zur Reife platzen diese an der Spitze auf, sodass die gelborange gefärbten Sporen entlassen werden können. Gelangen diese Sporen auf Blätter des Schmalblättrigen Weidenröschens, setzt der Pilz seine Entwicklung fort. Im nächsten Frühjahr wandert der Pilz wieder auf die Tanne zurück, womit der Kreislauf geschlossen wäre.

Meist bleibt der **Schaden** auf wenige Nadeln beschränkt, die noch im selben Jahr braun werden und abfallen. Bei starkem Befall kann der Pilz aber auch in den Trieb eindringen und an den Nadelansatzstellen braune Nekrosen hervorrufen. Dadurch kommt es zu Triebkrümmungen und gelegentlich zum Absterben der Triebe. Der sicherste **Schutz vor einem Befall** ist die Beseitigung des Schmalblättrigen Weidenröschens als Zwischenwirt durch mechanische oder chemische Maßnahmen.

Resistente Blaufichte gegen Fichtennadelrost

Tannennadelbräune (*Herpotrichia parasitica*)

Dieser Pilz ist ein typischer Nadelparasit der Tanne, der hauptsächlich auf der Weißtanne beobachtet werden kann, aber auch andere Tannenarten und – bei sehr starkem Infektionsdruck – sogar Fichtenarten befallen kann.

Das **Krankheitsbild** ist durch Braunwerden sowohl junger als auch älterer Nadeln gekennzeichnet. Diese fallen jedoch nicht sofort ab, sondern hängen lose von den Zweigen herab, bedingt durch die Verbindung mit dem oberflächlich wachsenden Myzel. Die Infektion erfolgt einerseits durch Sporen oder, in weiterer Folge, durch direktes Überwachsen des Myzels von einem Zweig zum anderen. Da der Pilz unter den Knospenschuppen überwintern kann, macht ihn die Möglichkeit des Überwachsens von der Sporenbildung unabhängig. Bei einer Lupenbetrachtung erkennt man über den Sto-

Tannennadelbräune

matastreifen auf der Nadelunterseite ein dichtes hellbraunes Hyphengeflecht (Pilzfäden), von wo aus Hyphen sowohl in die Spaltöffnungen als auch in die Epidermiszellen eindringen.

Gefährdet sind vor allem Tannendickungen in feuchten Lagen. Der Schaden beschränkt sich auf Zuwachsverluste sowie eine Herabsetzung der Widerstandskraft des Baumes. Als **Gegenmaßnahme** empfiehlt sich vorerst das Lichten der Dickungen, ehe chemische Maßnahmen getroffen werden.

Grauschimmel (*Botrytis cinerea*)

Der Pilz tritt als **Schwächeparasit** häufig als Folge von Frostschäden auf, wenn das Wetter anschließend feucht und kalt ist. Besondere Gefahr besteht in dichten Beständen, solange der Neuaustrieb noch nicht ausreichend ausgereift ist. Gelegentlich befällt der Pilz auch die Terminalknospen der Fichten- und Tannenarten.

Die jungen Jahrestriebe hängen schlaff herab und verfärben sich bei schwachem Befall fahlgrün, bei stärkerer Schädigung rosa bis braun. Die Triebspitzen vertrocknen anschließend und fallen sehr viel später schließlich ab. Bei für den Pilz günstigen Bedingungen sind Sporenlager sowie ein zarter Schimmelbelag zu erkennen. Auch nach frühen Hagelschäden im Mai und Juni ist Grauschimmelbildung bei Nadelgehölzen unter feuchtwarmen Bedingungen möglich. **Bekämpft** wird dieser Schaderreger bei festgestellter Gefährdung mit gegen *Botrytis* zugelassenen Mitteln.

Fichten- und Tannenschütte (*Rhizosphaera kalkhoffii*)

Diese **Pilzkrankheit** verursacht eine Verfärbung der beiden jüngsten Nadeljahrgänge von gelbfleckig über gelbbraun bis rosarot. Die Verfärbung beginnt im Spätsommer oder Herbst, danach fallen die Nadeln im Winter oder zu Beginn der nächsten Vegetationsperiode vorzeitig ab. An den Unterseiten der verbräunten Nadeln sind mit der Lupe reihenförmig angeordnete schwarze Kügelchen zu sehen. Dies sind die Fruchtkörper des Pilzes. Der Befall breitet sich von unten nach oben aus (besonders häufig bei *A. grandis*).

Die Krankheit tritt vor allem in durch Nährstoffmangel, Staunässe oder andere Stressfaktoren geschädigten Beständen auf. Eine chemische Bekämpfung erübrigt sich durch die **Beseitigung der Stressfaktoren**, ist bei *Abies grandis* aber unbedingt notwendig, da bei dieser Art derartige Schädigungen auf fast allen Standorten möglich sind.

Die Behandlung erfolgt vorbeugend, mit einer ersten Spritzung im Mai. In schüttege-

Grauschimmel

Schütte

fährdeten Kulturen sollte ab Ende Juli im Drei-Wochen-Rhythmus gespritzt werden. Auch der Boden ist in diesem Bereich mit zu behandeln, denn auf den abgefallenen Nadeln fruktifiziert der Pilz im August, und die Pilzsporen befallen von Neuem gesunde Bäume.

Knospensterben (*Gemmamyces picea*)

Bei diesem Krankheitsbild treiben die verdickten Terminalknospen und teilweise auch die Seitenknospen (besonders bei der Blaufichte) im Frühjahr nicht oder nur sehr schwach aus. Der entstandene Trieb verkümmert meist im Sommer. Ab Juni bilden sich auf den abgestorbenen harzenden Knospen schwarze, krustige Überzüge. Dies sind die Fruchtkörper des Pilzes, die bei den durch Frühfröste abgestorbenen Terminalknospen nicht zu finden sind. Dadurch sind diese beiden in ihren Symptomen sehr ähnlichen Schäden am leichtesten auseinanderzuhalten.

Neuinfektionen finden etwa ab dem Spätsommer statt. Die voraussichtlich befallenen, abgeplatteten und verdickten Knospen sind oft bereits im Herbst erkennbar. Diese **Pilzkrankheit** kann epidemisch besonders in niederschlagsreichen Jahren und bei schlechten Standortbedingungen auftreten (tiefe Lagen, schwere Böden, stauende Nässe).

Knospensterben durch Pilzinfektion

Von Matschke und Wessels (1993) werden Schäden in Weihnachtsbaumkulturen beschrieben, die sich durch absterbende Terminaltriebe und/oder Vitalitätseinbußen der Pflanzen bemerkbar machen. Die Schäden treten vor allem bei Pflanzen aus bestimmten Herkunftsgebieten und Höhenlagen (z. B. Jakob Lake/Nord Kaibab bis in Höhen von 2.400 m) auf. Durch histologisch-anatomische und physiologische Untersuchungen konnten sie feststellen, dass Stoffwechsel, Hormonhaushalt und Nährstoffverhältnisse der Pflanzen primär gestört und die Knospenmeristeme abnorm ausgebildet sind, sodass diese anschließend durch pilzliche Schwächeparasiten zerstört werden. Blaufichten (*Picea pungens* f. *glauca*) bestimmter Herkunftsgebiete dürfen nach den genannten Autoren nicht in immissionsbelasteten Gebieten angebaut werden. Die Stickstoffdüngung muss zudem so gering wie möglich gehalten werden und ihre Wirkung sollte ab Juli abgeklungen sein.

Die Autoren führen die Empfindlichkeit bestimmter Herkünfte und Höhenlagen der *Picea pungens* f. *glauca* darauf zurück, dass es sich dabei um Artbastarde zwischen *P. pungens* x *P. engelmannii* handelt. Bei dieser Annahme wird davon ausgegangen, dass *P. engelmannii* in der Kultur empfindlicher sei als *P. pungens*.

Hallimasch (*Armillaria mellea*)

Die Nadeln einzelner Bäume verfärben sich über die gesamte Krone gleichmäßig von fahlgrün über rötlich bis dunkelbraun. Erstes Erkennungszeichen ist oft der fehlende neue Jahrestrieb gegenüber den Nachbarbäumen bzw. das beginnende Neigen des Terminaltriebes aus der Senkrechten.

Beim Anritzen sind die weißen Pilzgewebe unter der Rinde am Stammgrund zu erkennen. Dort und am Wurzelhals finden sich oft harzige Stellen. Durch das Eindringen des Pilzes mit

Hallimasch

seinem Myzel zwischen Rinde und Holz wird der Saftstrom im Baum unterbrochen. Die Pflanzen lassen sich leicht umlegen oder herausreißen. Die essbaren, orangefarbigen Fruchtkörper (Pilze) erscheinen allerdings bei den jungen Bäumen nur selten, sind aber in sehr feuchten Jahren wie 2014 überall in der Kultur zu finden. In der Literatur wird der Fruchtkörper von Hallimasch als sehr guter Speisepilz beschrieben, sofern er entsprechend zubereitet ist und man ihn verträgt. Mitunter hat Hallimasch eine stark abführende Wirkung.

Der Pilz tritt vor allem dort auf, wo **Altholzbestände von einer Vorkultur** im Boden verblieben sind. Aus diesem Grund sind Christbaumkulturen auf ehemaligen Waldflächen oder nach einer Obstkultur nicht ratsam.

Befallene Pflanzen sollten **gerodet und verbrannt** werden, da sich das Myzel bei guten Bedingungen sehr schnell ausbreiten und riesige Areale vernichten kann. In Oregon beispielsweise hat ein einzelner Pilz über Jahrhunderte eine Waldfläche von 880 ha vernichtet und ein errechnetes Gesamtgewicht von 600 t erreicht. Damit wird dieser Pilz als das größte und schwerste Lebewesen der Welt gehandelt. Betroffene Flächen sollten fünf bis zehn Jahre von der Bewirtschaftung mit Gehölzen ausgenommen werden.

Phytophthora (*Phytophthora cinnamomi*)

Der Pilz *Phytophthora* hat eine ähnliche Ausbreitung und Wirkungsweise wie Hallimasch. Er dringt mit seinem Myzel ebenfalls in die Bäume ein, allerdings im Gegensatz zum Hallimasch in die Wasserleitungsorgane, und verstopft diese. Es kommt somit zum Vertrocknen des gesamten Baumes von den äußeren Teilen des Baumes beginnend. Bei neu gesetzten Kulturen kann dieser Prozess innerhalb weniger Tage zum Absterben des Baumes führen. Der kleine Baum wird innerhalb weniger Tage zur Gänze braun. Es gibt über 50 verschiedene Arten von Phytophthora-Wurzelfäule, wobei besonders *Phytophthora cinnamomi* Nadelgehölze befällt.

Vorbeugende Maßnahmen kann man ergreifen, indem man Flächen vermeidet, durch die Wasserquellen wandern, da die *Phytophthora*-Pilze mit dem Wasser wandern und somit auch von weit außerhalb der Kultur einwandern können. Zu den Pilzen *Phytophthora* und Hallimasch wäre zu sagen, dass diese Pilze, wie auch viele andere, überall im Boden vorkommen können. Solange diese Pilze im Gleichgewicht zueinander stehen, gibt es meist keine Schäden an Kulturpflanzen. Erst wenn ein Pilz überhand nimmt und sich plötzlich übermäßig ausbreitet, kommt es zu Schäden an den Pflanzen.

Phytophthora

Läuse

Baumläuse (Lachnidae)

Baumläuse, auch Rindenläuse genannt, die zur Überfamilie der Blattläuse gehören, sind mehrere Millimeter groß, braun bis grauschwarz und leben in Kolonien an Triebteilen der Bäume. Die Triebteile werden durch Honigtauausscheidung klebrig und später durch Rußtaubildung häufig schwarz. Eine starke Ansammlung von Ameisen auf den befallenen Bäumen ist oft die Folge, da diese sich die Blattläuse als Haustiere halten und deren süße Ausscheidungen sammeln.

Obwohl beispielsweise die Große Schwarze Rindenlaus kaum nennenswerte Schäden verursacht, sollte überlegt werden, sie mit bienenschonenden Mitteln zu bekämpfen, weil viele Kolonien die Bäume bis Weihnachten nicht verlassen, sondern dort überwintern. Die tot aussehenden Läuse werden bei Wärme, also in den Wohnzimmern der Kunden, wieder aktiv.

Tannentrieblaus (*Dreyfusia nordmannianae*)

Durch das Saugen der Läuse, insbesondere an der Nordmannstanne, kommt es zur Krümmung, zum Verwelken und Abfallen von Nadeln an den Jungtrieben. Da auch die Terminaltriebe betroffen sind, kann es zu einer erheblichen Beeinträchtigung des Wuchsbildes kommen. Die weiße Wachswolle an den Jungtrieben unter den Maitriebnadeln ist ein weiteres Symptom für einen Tannentrieblausbefall.

Hat man die Tannentrieblaus in der Kultur entdeckt, kann man eine Austriebsspritzung mit Paroil (Wirkstoff Paraffinöl 95 %) bei Temperaturen über 0 °C durchführen. Paroil wird 0,3%ig gespritzt, mit einer Wassermenge von 500–1.500 l/ha. Ist die Laus einmal aufgetreten, ist es am besten, einmal jährlich vorbeugend zu spritzen. Sehr gute Wirkung hat lediglich Karate Forst gezeigt. In warmen, trockenen und sonnenexponierten Lagen sind gefährdete Tannenkulturen besonders genau zu kontrollieren. Häufig geht die Ausbreitung von einigen stark **befallenen Bäumen** aus. Diese müssen im Winter **aus der Kultur entfernt** werden. Ein Lausmittel in Verbindung mit einem Netzmittel ermöglicht ein besseres Eindringen des Mittels in die Wachswolle.

Tannennadellaus (*Aphrastasia pectinatae*)

Die Tannennadellaus verursacht Gallen auf der Unterseite der Nadeln vor allem von *Picea abies* bzw. auch von verschiedenen Tannenarten. An der Nadeloberseite entstehen gel-

Tannentrieblaus

Tannennadellaus

be Flecken. Sie ist wirtswechselnd zwischen Tannenarten als Nebenwirt und der Fichte als Hauptwirt. Die Läuse bzw. deren Häutungsreste sind an der Nadelunterseite zu finden.

Fichtenröhrenlaus (*Liosomaphis abietina*)

Erste Saugschäden zeigen sich im unteren inneren Bereich der Fichtenbenadelung. Die Saugstellen sind einige Millimeter groß und gelbweiß. Die Läuse sind 1–2 mm groß, grün, mit roten Augen und Röhren am Hinterleib. Eine Lupe kann bei der Erkennung sehr hilfreich sein. Die Läuse sind in der Regel bei Temperaturen unter 0 °C sowie bei sehr hohen Temperaturen nicht aktiv.

Im Frühling steigt die Gefahr eines Massenbefalls, sofern ein sehr milder Winter vorausgegangen ist, der die Überwinterung der Altläuse begünstigt. Die Maitriebe werden von dieser Laus nicht befallen. Eine sinnvolle **Bekämpfung** muss zu **Befallsbeginn** im Frühjahr durchgeführt werden.

Fichtenröhrenlaus

Milben

Nadelholzspinnmilbe (*Oligonychus ununguis*)

Erste Saugschäden sind im unteren inneren Bereich der Fichtenbenadelung zu finden. Besonders gefährdet ist hier die Engelmannsfichte, die in einer sonst gesunden Kultur sehr stark mit Milben besetzt sein kann. Die Saugschäden sind im Gegensatz zur Sitkafichtenlaus weit unter 1 mm groß. Die geschädigten gesprenkelten Nadeln sind zuerst grünlich bis grauweiß, später braun. Die Milben sind zwischen 0,2 und 0,5 mm groß und daher nur mit einer guten Lupe zu erkennen. Sie überwintern im Eistadium.Die Gefahr eines Spinnmilbenbefalles steigt bei warmer Witterung, auf windgeschützten Lagen, an Südhängen und in vergrasten Kulturen. Verstärkte Maßnahmen sind dann zu treffen, wenn im Herbst zahlreiche rote Milbeneier zu finden sind. Spinnmilbenbefall sollte unbedingt vorbeugend behandelt werden. Bei starkem Auftreten sollte nach 14 Tagen eine zweite Spritzung erfolgen. Genaue Beobachtungen sind notwendig, da sich die Spinnmilben wöchentlich vermehren.

Käfer

Großer Brauner Rüsselkäfer (*Hylobius abietis*)

In der Regel kränkeln, welken und sterben vom Rüsselkäfer befallene Pflanzen in den Monaten April/Mai und August/September ab. An der Triebachse sind auffällige, platzartig gefressene Rindenpartien zu finden. Der Käfer selbst ist 8–14 mm groß, dunkelbraun, und die Flügeldecken zeigen rotgelb beschuppte Binden und Flecken.

Durch das Auslegen von Fichten- oder Kiefernholzteilen, die mit einem Fraßgift vermischt sind, lassen sich die Käfer relativ leicht anlocken und vernichten, da sie häufig schon nach einer Nacht in die ausgelegten Teile übergewandert sind. Aufgrund der enormen Schäden, die der Rüsselkäfer in kürzester Zeit in Fichtenkulturen anrichten kann, ist auf gefährdeten Flächen eine **Behandlung des Pflanzmaterials** notwendig. Ein sehr gutes Mittel für alle Käferarten ist beispielsweise Karate Forst.

Grünrüssler (*Polydrosus*-Arten)

Diese Käfer sind 4–10 mm lang und auf der Oberseite kupfrig bis metallisch-grünlich schimmernd gefärbt. Bei Erschütterungen lassen sich die Käfer sofort fallen. Insbesondere am Terminaltrieb und am ersten Astquirl sind die Nadeln am Rand schartenartig oder von der Spitze her angefressen, und auch die zarte Maitriebrinde weist Fraßstellen auf. In der Folge können dann verkahlte, umgeknickte und abgestorbene Triebteile festgestellt werden. Grünrüssler können auch in Tannenkulturen Schäden hinterlassen. Grünrüssler können in Christbaumkulturen mitunter so starke Schäden hinterlassen, dass die Bäume in diesem Jahr nicht als Christbaum brauchbar sind. Man kann beim Durchmulchen der Kultur erkennen, wie stark der Befall ist, weil sich die Käfer bei bewegender Umgebung fallen lassen und somit auf dem Fahrzeug und Fahrer landen.

Fraßbild des Grünrüsslers

Bemerkt man somit ein stärkeres Auftreten, ist eine Behandlung (z. B. Karate Forst) notwendig, um die Bäume für dieses Jahr zu retten.

Der Befall ist im letzten Jahrzehnt deutlich zurückgegangen. Ein guter Indikator für das Auftreten des Grünrüsslers ist die Veitschtanne (*Abies veitchii*), da diese Tanne vom Grünrüssler bevorzugt befallen wird.

Engerlinge von Maikäfern (*Melolontha* sp.)

Die Pflanzen kränkeln, welken oder sterben ab. Die Wurzeln sind mehr oder weniger angefressen. Im Bereich der Wurzeln werden vom Frühjahr bis zum Herbst im Boden bis 5 cm lange Larven (Engerlinge) gefunden, an denen ein glänzend brauner Kopf, ein weißgrauer Hinterleib und drei auffällige Beinpaare zu erkennen sind. Die Maikäferlarven können einen Totalausfall der Kultur bewirken.

Die **Bekämpfung** dieses Schädlings ist **problematisch**, weil die Larven im Boden an den Wurzeln fressen und daher nur schwer durch ein Pflanzenschutzmittel erreichbar sind. Gute Erfolge bei der Bekämpfung lassen sich praktisch nur durch Einarbeiten von Pflanzenschutzmitteln (Streumittel) in den Boden erreichen. Dies wird natürlich enorm erschwert, wenn die Kultur schon angelegt ist.

Kleiner Fichtennadelmarkwickler (*Epinotia pygmaeana*)

Die Knospenkappen haften lange am Maitrieb. Die Nadeln unterhalb und innerhalb der Knospenhaube werden von einer hellgrünen oder gelblichen, bis ca. 10 mm großen Raupe befressen und versponnen. Die Bekämpfung der versteckt fressenden Raupe ist sehr schwierig.

Fichtennestwickler

Fichtennestwickler (*Epinotia tedella*)

Ab Juli können vor allem an der Blaufichte mehrere mit Spinnfäden verbundene Nadeln gefunden werden. Später bilden sich Nadelnester, in denen der Kot der Raupen im Gespinst hängenbleibt. Die Raupen begeben sich je nach Witterung erst im Oktober bis Dezember zur Überwinterung in den Boden.

Kleine Fichtenblattwespe (*Pristiphora abietina*)

Sie befällt ausschließlich Fichten (Blau-, Sitka- und Weißfichten). Die Blattwespe fliegt Mitte bis Ende Mai und legt ihre Eier auf frische Fichtentriebe. Die daraus schlüpfenden Larven fressen an den frischen Nadeln der Maitriebe. Die Nadeln verkrümmen sich, werden braun und fallen ab. Die Bäume werden unansehnlich und als Christbäume unbrauchbar.

Fichtenblattwespe

Die Bekämpfung in Christbaumkulturen ist relativ einfach. Beim Auftreten der ersten Raupen hat die Bekämpfung sofort zu erfolgen. Bei regelmäßigem Auftreten der Fichtenblattwespe sollte unbedingt vorbeugend Mitte Mai gespritzt werden. Der Fraß der Fichtenblattwespe geht so rasch vor sich, dass in wenigen Tagen riesige Flächen Schaden erleiden können.

Fichtenzapfenzünsler (*Dioryctria abietella*)

Wie der Name sagt, schädigt der Zapfenzünsler in erster Linie die Zapfen des Baumes, die samt der darin enthaltenen Samen schwer geschädigt werden. Häufig ist das bei Fichten-, aber auch bei Tannenarten der Fall, die sehr früh fruktifizieren, das heißt, sehr früh Zapfen ansetzen. Ein Paradebeispiel dafür ist die Korea-Tanne. Ab Juli finden wir Kotansammlung und Harzfluss insbesondere an den Zapfen, aber auch am Terminaltrieb, der durch Austrocknung, Einrollen, Einkrümmen und Verbräunung stark geschädigt wird und in der Regel abstirbt. Die Knospe und mehrere Triebteile werden durch die Raupe ausgehöhlt. Die geschädigten Teile sollten bis ins gesunde Holz zurückgeschnitten und verbrannt werden. Eine Bekämpfung der Jungraupen ist vor dem Einbohren möglich.

Ich habe hier in der Regel keine Pflanzenschutzmittel angeführt, da diese sehr starken und kurzfristigen Veränderungen am Markt unterworfen sind. Es ist daher immer ratsam, sich bei Unsicherheiten vor der jeweiligen Anwendung bei einem Pflanzenschutzberater oder den Verkaufsstellen über den aktuellen Stand zu informieren. Sehr lange gab es kaum Personen, die über die Behandlung dieser Schädlinge Bescheid wussten, weshalb Mittel vorgeschlagen wurden, die in den meisten Fällen keine Wirkung gezeigt haben.

Diesbezüglich hat sich die Lage wesentlich verbessert, obwohl es nach wie vor ratsam ist, Berufskollegen zu kontaktieren, die mit diesem Problem zu kämpfen hatten und es auch in den Griff bekommen haben. Nur so hat man die Gewähr, nicht nur viel Geld für die Bekämpfung auszugeben, sondern auch entsprechende Erfolge zu erzielen.

Es gibt mittlerweile auch Fachbücher, die sich eingehend mit den Schädlingen in Christbaumkulturen befassen. Alternativ kann man sich mit seinem Schadbild auch an die Bundesversuchsanstalt für Wald wenden und unter finanzieller Abgütung eine Diagnose sowie einen Vorschlag für das weitere Vorgehen erhalten. Dennoch bleibt die Diagnose und die Bekämpfung von Schadbildern in den Christbaumkulturen eine der schwierigsten Aufgaben in der Produktion, da es zumindest in Österreich keine guten, ausreichend ausgebildeten und erfahrenen Berater für diese Probleme gibt. Der Fachmann schlechthin für dieses Problem und zugleich der einzig mir bekannte Mann in Europa, der ausreichend Erfahrung hat und Information geben kann, ist DI Lange von der Landwirtschaftskammer Westfalen-Lippe in Deutschland. Somit ist er auch seit Jahrzehnten Dauergast auf allen Christbaumseminaren im deutschsprachigen Raum und darüber hinaus.

Sonstige tierische Schäden

Wühlmausschäden

Die Pflanzen kränkeln, welken und sterben ab. Einige Pflanzen können auch schon umgeknickt sein. Der oberirdische Teil lässt sich leicht abreißen, zum Teil lässt sich die gesamte Pflanze leicht aus dem Boden ziehen. An den geschädigten Pflanzen sind Fraßspuren an den Wurzeln unübersehbar. Die Schermaus, auch Große Wühlmaus (*Arvicola terrestris*) genannt, kann daumenstarke Triebe durchnagen.

Eine Bekämpfung dieser größten heimischen Wühlmausart (Länge bis über 20 cm) ist sehr problematisch. Die zur Verfügung stehenden Mittel sind überaus giftig und das Einatmen der Dämpfe von Phosphor-Wasserstoff-Präparaten kann auch für den Menschen sehr ungesund sein. Darüber hinaus sind viele dieser Mittel inzwischen verboten und dürfen nicht mehr angewendet werden. Die gesündere Variante wäre das Aufstellen von Fallen, aber auch das Vergasen der Wühlmäuse mit Zweitaktmotoren wird nach wie vor sehr gerne angewandt, da es bis heute keine einfache giftfreie Alternative gibt.

Wildverbiss

Da alle Tannenarten für das Wild ein sehr attraktives Äsungsangebot darstellen, ist das **Aufstellen eines Zaunes** unerlässlich. Erst damit ist das Wildproblem wirklich gelöst. Bezüglich des Zaunes haben wir zwei Möglichkeiten. In der Regel wird man einen Gitterzaun verwenden. Bei Flächen, die unmittelbar in Betriebsnähe liegen, wird vorzugsweise ein elektrischer Zaun zum Einsatz gelangen. Die dafür verwendeten Stromgeräte verfügen über Spannungen bis 5.000 Volt und sind durchaus geeignet, um Rehwild auszuschließen. Ausnahmen bei der Zäunung können lediglich bei reinen Blaufichtenkulturen gemacht werden. Diese sind wegen ihrer stechenden Nadeln auch für das Rehwild derartig unangenehm, dass sie in der Regel von ihm verschont werden.

Vogelschäden

Die Schäden, die durch Vögel verursacht werden, führen sowohl zu einer starken Beeinträchtigung des Wuchsbildes als auch in weiterer Folge zu erheblichen finanziellen Einbußen. Vögel, die in eine Christbaumkultur einfliegen, landen zumeist auf dem Terminaltrieb des Baumes, der in einer gewissen Phase des Wachstums, in der er noch sehr weich und meist etwas gekrümmt ist (im Juni), sehr leicht an seiner Basis abbrechen kann. Derartige Schäden ziehen sich durch alle Tannenarten, besonders häufig sind sie bei der Veitchs Tanne und der Nordmannstanne zu beobachten. Beschädigte Bäume sind nicht nur um eine Vegetationsperiode zurückgeworfen, sondern bedürfen auch eines sehr hohen Aufwandes an Korrekturarbeit, die an ihnen vorzunehmen ist.

Besonders gefährdet sind naturgemäß Flächen in der Nähe von Wäldern, aber auch Kulturen, in deren unmittelbarer Nähe sich ein Kirschbaum befindet, können unter Vogelschäden leiden, da die reifen Früchte im Juni die Vögel anlocken und diese sich gerne zwischendurch auf anderen Bäumen in der Nähe niederlassen. Schützen kann man sich davor bestenfalls, indem man mithilfe von Stangen mit Querhölzern Landemöglichkeiten für die Vögel schafft, die etwas höher liegen als die Wipfel der Bäume. Zu den Vogelarten, die besondere Schäden anrichten, zählen die Singdrossel, der Star, die Amsel sowie kleinere Greifvögel. Die meisten Schäden entstehen in den Monaten Mai und Juni, wo die Terminaltriebe noch sehr weich und nicht verholzt sind. Die Schäden passieren meist nicht beim Aufsitzen der Vögel, sondern wenn sich diese beim Wegfliegen vom Baum abstoßen.

Stangen mit Querhölzern als Aufsitzmöglichkeit für die Vögel

Vogelschaden

Herbizidschäden

Ein Herbizidschaden kann einerseits durch eine Überdosierung, andererseits durch das direkte Besprühen grüner Pflanzenteile auftreten. Eine weitere Gefahr besteht in der Verwendung von Herbiziden, die für Koniferen ungeeignet sind. Eine Überdosierung kann sehr leicht bei frisch gepflanzten Kulturen, auf leichten, humosen Böden sowie durch das Kombinieren von verschiedenen Herbiziden erfolgen.

TIPP Konzentration verringern

Man sollte die Angaben der einzelnen Mittel also sehr genau studieren bzw. in Jungkulturen, auf leichten Böden oder bei kombinierter Anwendung die Konzentration der Spritzbrühe um 10 % reduzieren.

Die Mittel sind sehr vorsichtig auszubringen, das bedeutet, dass vor allem in der Vegetationszeit keine grünen Pflanzenteile mit dem Herbizid in Berührung kommen dürfen. Mitunter genügt ein leichter Wind, der die zerstäubte Brühe auf die Pflanze haucht, um Schäden zu verursachen. Daher ist es notwendig, gut abgeschirmte Geräte zu verwenden und zumindest in der Vegetationszeit möglichst bei absoluter Windstille zu spritzen. Es gibt auch Herbizide, die in der Vegetationszeit über die Pflanzen gespritzt werden dürfen. Diese sind aber sehr spezifisch, und man erreicht damit entweder nur Gräser oder nur Blattunkräuter und hier nur bestimmte Arten. In Christbaumkulturen erzielen wir mit diesen Mitteln oft nicht die gewünschte Wirkung, außerdem sind diese Mittel sehr teuer.

Die Symptome von Herbizidschäden an den Pflanzen sind in beiden Fällen die gleichen. Sie äußern sich entweder durch eine weißliche Chlorose der Nadeln, von der Nadelbasis und der Triebspitze ausgehend, oder durch eine violett-braune Färbung und Welken der Maitriebe bzw. durch Nadel-Verbräunungen von den Nadel- und Triebspitzen aus abwärts fortschreitend. Zusätzlich kann es zum Anschwellen des Wurzelhalses kommen.

Herbizidschaden (Glyphosat)

Frostschäden

Frühfrost

Von Frühfrostschäden (Sitzenbleiben von Knospen) spricht man dann, wenn **früh eintretende stärkere Fröste** im Herbst (September/Oktober) zu Schädigungen von schlecht ausgereiften Knospen und Pflanzenteilen führen. Die Terminalknospe oder mitunter auch andere Knospen treiben im folgenden Frühjahr nicht aus.

Neben sitzen gebliebenen Knospen durch Frühfröste im Herbst des vorangegangenen Jahres kann dieses Schadbild auch durch Pilzinfektionen hervorgerufen werden. Pilzinfektionen

Knospensterben durch Frost (Sitzenbleiben der Knospen)

unterscheiden sich dadurch, dass sich an der Knospenaußenseite ein Pilzmyzel bildet. Dies kann allerdings auch eine sekundäre Erscheinung sein. Eine dritte Möglichkeit des Sitzenbleibens ist der Fraß durch Raupen oder Milben, deren Eier in die Knospe abgelegt wurden.

Durch den Ausfall der Terminalknospe kommt es zu Störungen im Haupttriebwachstum, was sich bei Weihnachtsbaumkulturen besonders schlimm auswirkt. Der Schaden ist oft schon im Herbst durch verdickte Knospen zu erkennen, und daher sollten solche Bäume, wenn möglich, beim Weihnachtsbaumverkauf vorrangig abgegeben werden. Langfristig bietet sich die Möglichkeit, weniger frostgefährdete Provenienzen anzupflanzen. Bei bereits eingetretenen Schäden empfiehlt es sich, einen letztjährigen Seitentrieb hochzubinden, um möglichst rasch wieder zu einem normalen Höhenwachstum zu gelangen.

Frosttrocknis

Diese tritt mitunter bei jungen Bäumen im Vorfrühling auf, wenn der Boden oder der Stamm noch gefroren sind und keine Wasseraufnahme oder kein Wassertransport möglich ist, die Nadeln jedoch durch eine höhere Lufttemperatur zur Transpiration angeregt werden. Sehr häufig

Frosttrocknis

kommt das mitunter bei Exoten wie der Douglasie und dem Mammutbaum vor, bei denen es auch im höheren Alter noch immer zu Schäden kommen kann. Diese Baumarten neigen von sich aus dazu, ihre Lentizellen sehr früh zu öffnen und Wasser zu verdunsten. Unter solchen Bedingungen kommt es zu einer Braunrotfärbung der Nadeln, die meist noch längere Zeit am Baum haften bleiben. Betroffen sind hier vor allem Fichtenarten, weil diese flach wurzeln.

Spätfrost

Die **frisch ausgetriebenen Triebe** können **durch Nachtfröste im Mai** stark **in Mitleidenschaft gezogen** werden. Die geschädigten Triebe hängen schlaff herab, weisen bald eine gelbrote, später eine braune Verfärbung auf und sterben schließlich ab. Die Bäume sind meist an ihren unteren Teilen stärker geschädigt als an den höher gelegenen. (Kalte Luft ist bekanntlich schwerer und sinkt zu Boden.) Anfangs sind keine Pilzinfektionen erkennbar, später kann es

Spätfrostschäden

zu einer sekundären Besiedelung durch Grauschimmel kommen.

Spätfrostgefährdete Lagen, es sind dies vor allem Tallagen, aus denen die Kaltluft nicht abfließen kann, sollten nach Möglichkeit von der Bepflanzung mit Christbäumen ausgenommen werden. Eine Alternative wäre das Anpflanzen von nicht spätfrostgefährdeten Sorten, wie z. B. der Korea-Tanne. Wir kennen aber auch Jahre, wie 2013, wo es in sehr weiten Teilen Europas auch in sehr guten Lagen starke Spätfrostschäden gegeben hat. In solchen Fällen ist es unbedingt notwendig Arbeitsschritte einzuleiten, um möglichst schnell wieder zu guten Qualitäten zu kommen. Zum Glück reagiert der Baum von sich aus sehr stark auf solche Schädigungen und setzt in der Folge viele neue Knospen an bzw. aktiviert die vorhandenen schlafenden Augen.

Die braunen, herabhängenden Triebe, die durch die Frostschäden entstehen, hängen oft sehr lange am Baum (bis zu zwei Jahre) und sollten daher zumindest bei Ware, die im selben Jahr verkauft werden soll, weitgehend entfernt werden. Eine gute Möglichkeit, stark frostgeschädigte Kulturen zu sanieren, ist der Einsatz der Heckenschere. Man kann damit stark geschädigte Bäume sehr schnell von den erfrorenen Trieben befreien und den Baum dazu anregen, neue Knospen zu bilden. Der Baum wandert durch diesen Arbeitsschritt allerdings von der reihigen offenen Form in eine schlankere dichtere Form, was meist kein Nachteil ist, da solche Bäume bei einer großen Käuferschicht durchaus sehr begehrt sind. Trotz solcher Maßnahmen braucht der geschädigte Baum in vielen Fällen zumindest zwei Jahre, um sich von Spätfrostschäden zu erholen.

Nährstoffschäden

Nährstoffüberschuss

Vor allem bei der ersten Düngung, gleich nach dem Anpflanzen der Kultur, kann es mitunter passieren, dass die jungen Bäume an einer Überdosis an Mineraldüngern leiden. Die frisch entstandenen Wurzeln verätzen sehr leicht, was zu einem Absterben der Bäume führt. Dennoch sollte man auf eine Starthilfe für den Baum mit Mineraldüngern nicht verzichten, um dem Baum eine gute Nährstoffversorgung zu sichern, bis er sich gut verwurzelt hat und die vorhandenen Nährstoffe im Boden selbst findet und gut aufnehmen kann.

TIPPS Richtig düngen

- Die Ausbringung des Startdüngers hat sehr vorsichtig zu erfolgen und die notwendige Menge von einigen Gramm sollte besser auf mehrere Gaben aufgeteilt werden.
- Die erste Gabe sollte nach einem Regen ausgebracht werden.
- Zusätzlich ist es wichtig, den Dünger gut zu verteilen und keinen Mineraldünger direkt an das Stämmchen zu platzieren, da dort nach dem Pflanzen ein konzentriertes Eindringen in Richtung Wurzel möglich ist.

Düngeschäden treten mitunter auch bei Verwendung von chloridhaltigen Düngemitteln auf. In Nadelholzkulturen sollten daher ausschließlich chloridfreie Düngemittel verwendet werden.

Nährstoffmangel

Mangelerscheinungen äußern sich durch verschiedene Verfärbungen der Nadeln, wobei die Farbänderung für einzelne Nährstoffe spezifisch sein kann. So deutet eine Hellgrünfärbung auf Stickstoff- oder Magnesiummangel hin, eine Braunspitzigkeit ist meist mit einem Kalimangel verbunden. Bei Feststellung eines Nährstoffmangels durch Bodenproben lässt sich ein solcher relativ leicht durch eine gezielte Düngung beseitigen.

In der Regel ist bei einem Nährstoffmangel zu beobachten, dass vorerst die älteren Nadelgenerationen braun werden und absterben und später erst der neue Nadeljahrgang betroffen ist, da es bei Mangelerscheinungen zu einer Nährstoffumlagerung von der alten in die junge Nadel kommt.

Magnesiummangel tritt fast ausschließlich auf sauren Sandböden auf, weil diese Böden nicht über natürliche Magnesiumquellen (Augite, Hornblenden) verfügen. In manchen Volldüngern ist zwar auch Magnesium enthal-

Kaliummangel an Fichte

ten, aber das Verhältnis Kalium zu Magnesium entspricht mit 17 : 2 keineswegs dem Bedarf. Der Magnesiumentzug durch die Pflanzen ist mit 70–80 kg/ha beachtlich hoch. Ein Kali-Magnesium-Verhältnis von 2,5 : 1 wäre also angemessen. Magnesiummangel kann auch bei ausreichender Versorgung des Bodens als relativer Mangel auftreten, wenn der Kaliumgehalt des Bodens zu hoch ist. Kalium und Magnesium wirken nämlich bei der Aufnahme durch die Pflanze als Antagonisten, das heißt, Kalium behindert bei einer Überdosis die Aufnahme von Magnesium und umgekehrt. Weitere Hinweise zu Nährstoffmängeln und -überschüssen finden sich im Kapitel Düngung.

Magnesiummangel an Fichte

Magnesiummangel an Tanne

Kalkulation

Kostenkalkulation für eine Christbaumkultur

Verkaufskalkulation

Wenn man in die Christbaumproduktion einsteigen oder diese erweitern will, sind betriebswirtschaftliche Überlegungen von größter Bedeutung. Dazu gehören natürlich auch Kostenkalkulationen. Deshalb will ich Ihnen hier einige Kalkulationsbeispiele zu Anlagekosten sowie Verkaufserlösen mit verschiedenen Varianten der Schnittintensität vorstellen. Diese Zahlen sind Richtwerte, die bei unterschiedlichen Voraussetzungen zum Teil sehr stark schwanken können. Verschiebungen sind, abhängig von Boden und Klima, von der Qualität der Pflanzen und Ähnlichem mehr, möglich.

WICHTIG **Kosten ehrlich berechnen**

Verfallen Sie bei Ihrer Kalkulation nicht der Meinung, dass man das oder jenes nicht rechnen könne, weil man das ja sowieso selber macht oder weil es ein Hobby ist etc. Nur wer jeden Arbeitsschritt und jedes Material sowie jeden gefahrenen Kilometer auch wirklich rechnet, der hat echte und ehrliche Zahlen und lügt sich nicht selbst in die Tasche.

Vor der Neuauspflanzung einer Christbaumkultur sollte man eine ordentliche Kostenkalkulation durchführen.

Kostenkalkulation für eine Christbaumkultur

Die Zahlen in diesem Kalkulationsbeispiel sind Richtwerte und beziehen sich auf das Jahr 2025, Angaben in Euro. (Eine Vorlage für Ihre eigene Kalkulation befindet sich auf Seite 158).

Kalkulation für die Anlage	Euro/Hektar
Pflanzenaufwand/ha (6.000 Stück à 1,10)	6.600 €
5 % Nachbesserung (300 Stück à 1,10)	330 €
Setzen auf eine Wiesenfläche (ohne Pflügen, ohne Einsaat)	800 €
Pflanzloch mit einem Dreifach-Erdbohrer (inkl. Arbeiter)	
Zaunsäulen (Eigenerzeugung, tauchimprägniert) (100 Stück à 8,00)	800 €
400–500 m Zaun (1,50 m hoch, rehdicht)	1.800 €
Aufstellen des Zaunes	500 €
Herbizidstreifen (Mittel und Arbeit)	500 €
Anlagekosten	**11.330 €**

Das sind die reinen Anlagekosten, die sich bei händischem Öffnen der Pflanzlöcher um rund 300,– Euro erhöhen. Die Mehrkosten durch das Pflügen der Kultur kompensieren sich dadurch, dass zumindest ein Mulchvorgang entfällt.

Kalkulation bis zum Ende des ersten Kulturjahres	Euro/Hektar
➥ Anlagekosten	11.330 €
Düngen, 150 kg Mehrnährstoffdünger	150 €
Mulchen oder Mähen (5 x 2 Stunden) (à 50,00)	500 €
Zweite Herbizidspritzung	300 €
Summe der Kosten nach dem ersten Jahr	**12.980 €**

Kalkulation bis zum Abräumen der Kultur	Euro/Hektar
➥ Kostenaufwand bis zum Ende des 1. Jahres	12.980 €
Herbizideinsatz und Mulchen für weitere 8 Jahre (600,00/Jahr)	4.800 €
Schädlingsbekämpfung (200,00/Jahr)	1.600 €
Qualitätsbeschneidung	2.000 €
Umschneiden und Abtransport	2.000 €
Rodung der Kultur	2.000 €
Pacht + Verzinsung der Eigenfläche (10 Jahre)	4.000 €
Gesamtkosten einer Christbaumkultur/ha (Standzeit 10 Jahre)	**29.380 €**

Diese Kalkulation geht davon aus, dass im 10. Standjahr keine Kulturpflege mehr betrieben wird (weder Mulchen noch Spritzen). Es gibt Produzenten, die entnommene Bäume sofort wieder ersetzen. In diesem Fall ist eine Kalkulation sehr schwierig, und überdies ist diese Methode bei größerem Flächenausmaß auch nicht zielführend. Auf größeren Flächen ist es auf jeden Fall besser, die Kultur ohne Nachpflanzung zu nutzen und nach dem Abräumen wieder gänzlich neu zu bepflanzen, zumal ja auch die größer werdenden Bäume, die in der Kultur verbleiben, immer mehr Standraum brauchen.

Im **Anhang** finden Sie eine **Vorlage zum Kopieren**, um die **Kosten für Ihre Christbaumkultur zu kalkulieren**.

Verkaufskalkulation

Voraussetzung für die Richtigkeit der eingesetzten Zahlen ist eine angemessene Pflege der Kultur, da sonst die angenommene Ausbeutemenge nicht erreicht wird. Die Kalkulationen gehen davon aus, dass 100 % der Bäume an Wiederverkäufer weitergegeben werden. Bei Direktvermarktung lassen sich die Erträge um etwa 20–30 % steigern. Auch entnommene Ballenware für Baumschulen oder für lebende Christbäume steigert in der Regel den Umsatz um bis zu 50 %. Natürlich ist diese Variante des Absatzes nicht uneingeschränkt möglich, sodass es ab einer bestimmten Menge, die sehr variabel sein kann und die jeder für sich selbst finden muss, unbedingt notwendig ist, sich an den Handel zu wenden bzw. sich Wiederverkäufer zu suchen.

Eine gerechte Aufteilung der Preise ist dann gegeben, wenn beide Teile – sowohl der Produzent als auch der Wiederverkäufer – zufrieden sind. Ich gehe in meiner Beispielkalkulation davon aus, dass ein Drittel der Kosten auf die Produktion entfällt, ein Drittel soll der Produzent verdienen und ein Drittel der Wiederverkäufer. Somit hätten wir eine gerechte Aufteilung erreicht.

Verkauf ohne Qualitätsbeschneidung	Euro/Hektar
Durchschnittliche Ausbeute 45 % (2.700 Bäume/ha mit einer Höhe von 1,50–3 m bei einem durchschnittlichen Stückpreis (inkl. Steuern) von 22,00)	59.400 €
Abzüglich Kulturkosten (minus der Kosten für die Beschneidung) für 10 Jahre (29.380 € weniger 2.000 €)	27.380 €
Gewinn	**32.020 €**
Jährlicher Hektarertrag	**3.202 €**

Verkauf mit Qualitätsbeschneidung	Euro/Hektar
Durchschnittliche Ausbeute 90 % (5.400 Bäume/ha mit einer Höhe von 1,50–3 m bei einem Durchschnittspreis von 22,00/Baum)	118.800 €
Abzüglich Kulturkosten für 10 Jahre	29.380 €
Gewinn	**89.420 €**
Jährlicher Hektarertrag	**8.942 €**

Hier stehen sich also Deckungsbeiträge von 8.942 € sowie 3.202 € gegenüber. Wer hier nicht sofort zur Schere greift und damit beginnt, seine Bäume zu korrigieren, hat also kein Interesse daran, wirtschaftlich zu arbeiten. Auf sehr guten Lagen ist die Differenz der beiden Kulturformen natürlich nicht so deutlich ausgeprägt. Mitunter kann man auch Glück haben und die Natur beschert uns trotz geringem Aufwand hohe Ausbeuten. Die Natur kann aber mitunter sehr grausam sein und dann ist man auf der sicheren Seite, wenn man weiß, was zu tun ist, wenn die Natur einmal einen Strich durch die Rechnung macht.

Große Erfahrungen in der Korrekturarbeit können uns auch zugutekommen, wenn z. B. starke Spätfröste, so wie sie 2013 ganz Europa heimgesucht haben, intensive Korrekturarbeit erfordern, um möglichst schnell wieder zu ansprechenden Qualitäten zu kommen. Hier ist es vor allem wichtig zu wissen, wo man ansetzen muss, um dem Baum dabei zu helfen, sich selbst zu helfen. Intensive zusätzliche Arbeit ist in solchen Fällen unbedingt notwendig.

Maße

Güteklasseneinteilung und Klassifizierung

Zustand nach dem Fällen

Güteklassen-einteilung

Die Güteklasseneinteilung und die Qualitätsmerkmale (nach der Europäischen Richtschnur für Maße, Güteklasseneinteilungen und Zustand nach dem Fällen für Weihnachtsbäume, herausgegeben vom Verband Westeuropäischer Weihnachtsbaum-Anbauer im Juli 1996) gelten für alle Nadelbäume, die als Weihnachtsbäume verkauft werden, solange nichts anderes vereinbart wurde, und wären ein Vorschlag zur **Qualitätsbestimmung zwischen Produzenten und Händlern** und nicht zwischen Produzenten bzw. Händlern und Konsumenten.

Maße

Die Höhe

Die Maße für alle Bäume sollen an den folgenden Stellen genommen werden:

- Von der Schnittfläche im Fall von gefällten Bäumen oder
- dem Wurzelstock auf Höhe der Erdoberfläche für Bäume mit kahlen Wurzeln, Bäume mit Wurzelballen und Bäume in Behältern oder Töpfen
- bis zu der Stelle, wo der Quirl oder obere Kranz hochgebogen den Haupttrieb berührt.

Die Größe muss immer mit einem der folgenden **Größenabstände** oder einer Kombination dieser Abstände bezeichnet werden:

40/60 cm	60/80 cm	80/100 cm	100/125 cm
125/150 cm	150/175 cm	175/200 cm	200/250 cm
250/300 cm			

Sehr viele Produzenten gehen hier auf Abstände von 50 cm, was die Abmessung zwar vereinfacht, vom Käufer aber immer wieder kritisiert wird, weil es einen großen Unterschied macht, ob die Mehrzahl der Bäume eher im unteren oder im oberen Bereich dieser 50 cm liegt.

Das untere Stammende

Das untere Stammende, das keine Zweige hat, wird von der Schnittstelle bis zu den unteren Zweigen des Baumes mit grünen Nadeln gemessen. Es sollte mindestens 5 % und nicht mehr als 10 % der Baumhöhe bei Bäumen bis zu 200 cm und 15 % bei Bäumen über 200 cm betragen. Das bedeutet, dass z. B. die Stumpflänge bei einem 2-m-Baum nicht länger als 20 cm sein soll.

Behälter und Töpfe

Für 40/60-cm-Bäume müssen die Behälter mindestens 5 l fassen; für 60/100-cm-Bäume müssen die Behälter mindestens 7 l fassen und für Bäume über 100 cm müssen die Behälter mindestens 10 l fassen. Diese Richtwerte dürfen zugunsten des Baumes sehr gerne überschritten werden. Der Baum wird dadurch zwar schwerer und schwieriger zu manipulieren, die Anwuchssicherheit lässt sich damit allerdings auch erhöhen und wir wollen ja, dass möglichst alle unserer lebenden Bäume weiterwachsen können.

Nordmannstannen verlieren durch das Ausgraben oft einen Teil der Pfahlwurzel. Das ist aber kein Problem für das Weiterwachsen.

Güteklasseneinteilung und Klassifizierung

Güteklasse

Folgende Punkte beschreiben die Qualität eines Weihnachtsbaumes. Erfüllt der Baum in einem Punkt die Anforderungen nicht, so wird dies als ein Fehler gezählt, wenn nichts anderes angeführt wurde. Bäume erster Güteklasse dürfen maximal einen kleinen Fehler aufweisen, um nicht in die 2. Klasse abzufallen.

Farbe

Der Baum muss eine **gleichmäßige Farbe** haben, Kennzeichen für einen frischen und gesunden Baum. Der Baum darf keine Farbfehler aufweisen, die auf falsche Düngung, Spritzfehler, Stress, Krankheit oder Klimaschwankungen zurückzuführen sind.

Form (für bis zu 300 cm hohe Bäume)

Die **Breite des Baumes** darf **nicht größer als die Höhe und nicht kleiner als die Hälfte der Höhe** sein. Wenn die Breite des Baumes größer ist als 1,3-mal die Höhe oder als ein Drittel der Höhe, zählt dies als Fehler. (Natürlich gibt es immer wieder Kunden, die einen extrem schlanken oder einen sehr breiten Baum suchen, wobei das für sie natürlich ein Baum erster Klasse ist. Die Qualifizierungsrichtlinien gelten daher selbstverständlich, wie oben angemerkt, nur für den Wiederverkauf.)

Dichte

Die Zweigkränze oder Quirl müssen gleichmäßig über die Höhe des Baumes verteilt sein und es muss eine ausreichende Menge an Internodienzweigen vorhanden sein, um eine gleichmäßige Dichtheit garantieren zu können. Für Nordmannstannen (*Abies nordmanniana*) und Edeltannen (*A. nobilis*) ist dies so zu verstehen, dass:

- Bäume unter 150 cm mindestens 4 Zweigkränze,
- Bäume mit 150/200 cm mindestens 5 Zweigkränze und
- Bäume über 200 cm mindestens 6 Zweigkränze haben müssen.

Symmetrie

Folgende Punkte müssen bei symmetrischen Bäumen erfüllt sein:

- Der Baum darf nur einen Stamm haben, der in der Mitte sein muss,
- die Zweige müssen um den Baum gleichmäßig verteilt sein,
- es dürfen keine toten oder gebrochenen Zweige vorhanden sein,
- der Baum muss eine gerade Spitze haben. Wenn die Spitze gebogen, kurz oder anderwärtig deformiert ist, zählt es als zwei Fehler, wenn die Spitze fehlt, zählt dies als drei Fehler.

Nadeln

Diese müssen am Baum gleichmäßig verteilt und voll entwickelt sein. Die Nadeln dürfen keine sichtbaren Spuren von Lausangriff, Insekten und Bissen bzw. keine Verfärbungen aufweisen.

Zweige

Die Zweige müssen von Flechten, Moos und Borkenschäden frei sein.

Formregulierung

Formschnitt und Korrekturbeschneidungen dürfen stattfinden, um die Form, Dichte und Symmetrie zu verbessern. Die Wunden dürfen nicht sichtbar sein und müssen von dem letzten Trieb verdeckt sein.

Klassifizierung – Sortierung

Die Bäume müssen in drei Kategorien aufgeteilt werden: erste Wahl, zweite Wahl und nicht klassifizierte Bäume.

Prima-Ware (Erste Qualität)

Bäume müssen die oben genannte Qualitätsanforderung erfüllen, dürfen aber einen kleinen Fehler oder Mangel aufweisen. Fehlt der Wipfel, so sind dies allerdings schon drei Fehler. Da kann der Baum schön sein, wie er will, er wird nie in die Prima-Ware fallen.

Standard-Ware (Zweite Qualität)

Bäume dürfen bis zu zwei Fehler haben, sie müssen jedoch ein attraktives Aussehen haben.

Sekunda-Ware (Unklassifizierte Bäume)

Die Bäume müssen frisch und gesund sein, erfüllen aber nicht die Anforderungen an Form, Dichte, Symmetrie und Schäden. Werden die Bäume verkauft, müssen sie eine vereinbarte Forderung mit dem Kunden einhalten.

Zustand nach dem Fällen

Der Baum muss sauber und frei von Abfall, wie vertrockneten Blättern, Gras, Unkraut oder Kletterpflanzen, sein. Während des Fällens, der Lagerung und des Transportes der Bäume dürfen die Zweige nicht schlammig oder schmutzig werden. Die Bäume sollten frisch und nicht zu lange vor der Lieferung an den Kunden gefällt sein. Gefällte Bäume sollten nicht länger als 15 Tage, bevor sie an den Handel gegeben werden, liegengelassen werden.

Gefällte Bäume werden gleich abtransportiert.

Vom richtigen Zeitpunkt (Schneiden nach Mondphasen)

Vorbereitung für den Markt

Verpackung

Ernte und Verpackung

Die Ernte beginnt grundsätzlich dann, wenn das Produktionsziel im Hinblick auf Größe und Qualität der Bäume erreicht ist. Da man natürlich am Markt auch immer wieder kleinere Bäume benötigt, die sicher noch nicht dem eigentlichen Produktionsziel entsprechen, ist dieser Zeitpunkt als relativ zu betrachten. Besonders lebende Christbäume werden mitunter schon nach dem dritten Jahr entnommen. Die Masse der Bäume aber wird, abhängig von der Art, zwischen dem vierten und neunten Standjahr geschnitten.

Die Ernte erfolgt also zweckmäßigerweise über einen Zeitraum von mehreren Jahren. So werden zu Beginn nur sehr gut entsprechende Bäume entnommen, immer mit Rücksicht darauf, dass die verbleibenden Bäume mehr Standraum bekommen und sich in den Folgejahren gut weiterentwickeln können. Man sollte sich immer vor Augen halten, dass Fehler im Ernteablauf automatisch eine Qualitätsminderung ergeben.

Für die Ernte ist es notwendig, schon beim Anpflanzen darauf zu achten, dass genügend breite Wege in der Kultur angelegt wurden, sodass ein leichtes und problemloses Abtransportieren der geschnittenen oder gegrabenen Bäume aus der Kultur gewährleistet ist. Da es mitunter sein kann, dass zur Zeit der Ernte beträchtliche Mengen Schnee in der Kultur liegen, muss ein Abtransport auch bei solchen Verhältnissen einwandfrei möglich sein. Durch die Klimaerwärmung wird uns das allerdings ohnehin immer seltener passieren.

Es ist allgemein üblich, die erntefähigen Bäume im Herbst zu markieren, um den Ernteablauf vor Weihnachten zu beschleunigen und die qualifizierten Bäume vor allem nach Schneefällen rasch zu finden. In vielen Betrieben werden die verschiedenen Qualitäten bzw. die unterschiedlichen Größen (1. Wahl, 2. Wahl, unklassifizierte Bäume) mit unterschiedlichen Farbschleifen markiert, die dann gleichzeitig die verschiedenen Preiskategorien darstellen und als solche vor allem den Großkunden (Wiederverkäufern) präsentiert werden.

Da heute kaum jemand mehr aus den heimischen Wäldern Christbäume erntet und auch die Fichte, die vielfach aus Hochlagenwäldern entnommen wurde, fast zur Gänze am Christbaummarkt verschwunden ist, ist die Angst vor dem ersten Schnee etwas geringer geworden.

Zwar auch anstrengend, aber weitaus einfacher ist die Ernte aus einer Christbaumkultur,

Christbaumernte nach 50 cm Neuschnee

Die Bäume sind geschnitten und zum Abtransport bereit.

da hier zumindest fast jeder Baum brauchbar ist und die Bäume konzentriert auf einer relativ kleinen Fläche stehen und bei vielen Produzenten schon vormarkiert sind. Mit guter Kleidung ausgerüstet, hält man hier auch bei schlechter Witterung, wie Regen und Schnee, schon einige Stunden durch.

Ernte im Schnee

Der Abtransport muss auch nach einem Schneefall möglich sein.

Vom richtigen Zeitpunkt (Schneiden nach Mondphasen)

In der Regel beginnen wir Mitte November, die ersten Bäume zu fällen, um die geforderten Liefertermine von Wiederverkäufern, die Ende November, Anfang Dezember ihre Bäume haben wollen, auch einhalten zu können und auch um etwaigen frühen Wintereinbrüchen mit Schnee auszuweichen. Je nach der zu schneidenden Menge wird diese Arbeit dann unter Umständen mehrere Wochen dauern.

Unser Ziel kann es jedoch nicht sein, die Bäume möglichst früh zu ernten, sondern sie **erst dann zu schneiden, wenn wir sie benötigen**. Wir haben die Möglichkeit, und diese sollten wir uns nicht entgehen lassen, frische, nach Harz duftende Bäume auf den Markt zu bringen. Der Baum kann nämlich nur so lange duften, solange die Duftstoffe (die ätherischen Öle) sich nicht verflüchtigt haben.

Immer wieder ist zu hören und im Volksglauben auch sehr tief verankert, dass sich der richtige Zeitpunkt für das Schneiden der Bäume nach den Mondphasen zu richten hat. Das wäre laut Literatur der dritte Tag vor dem 11. Vollmond des Jahres. Dieser Tag fällt meist sehr früh (mitunter Ende Oktober oder Anfang November), zu einem Zeitpunkt also, zu dem wir eigentlich noch nicht mit dem Schneiden der Christbäume beginnen. In der Folge wurde dann plötzlich auch ein zweiter Termin akzeptiert, nämlich drei Tage vor dem 12. Vollmond, was schon die Problematik der Richtigkeit dieser Aussagen aufzeigt. Aus diesem Grund haben wir schon vor 20 Jahren begonnen, intensive Versuche im Zusammenhang mit dem Schnittzeitpunkt und den Mondphasen zu machen, und sind dabei zu interessanten Ergebnissen gekommen. Diese versuche ich seit zwei Jahrzehnten den Produzenten und Konsumenten gleichermaßen darzulegen. Doch der Volksglaube, der ohne wissenschaftliche Basis und mit vielen Lügen im Volk verbreitet wurde, ist in den Köpfen der Menschen tief verankert und macht es uns schwer, auch mit eindeutigen Versuchsergebnissen sowie inzwischen auch Ergebnissen wissenschaftlicher Arbeiten der Wahrheit näherzukommen.

Eine erste Auswertung unserer intensiven Versuche in Verbindung mit dem Schnittzeitpunkt (es wurde ab Mitte Oktober wöchentlich bzw. zu den vorgegebenen Mondtagen die gleiche Anzahl von Zweigen geschnitten und unter denselben Bedingungen gelagert) hat kein differenziertes Ergebnis erbracht. Inzwischen gibt es jedoch auch wissenschaftliche Arbeiten aus Deutschland und Dänemark, die besagen, dass die Mondphase nicht mit der Nadelhaltbarkeit der Bäume im Zusammenhang steht. Nach dieser Auswertung haben bei Neumond geschnittene Bäume ihre Nadeln nicht besser oder schlechter gehalten als Bäume, die bei Vollmond geschnitten wurden.

Die Bäume haben jedoch mit Sicherheit in der Zeit um den Vollmond, das gilt sowohl für die Zeit vor dem Vollmond als auch für dieselbe Zeit danach, ein höheres Gewicht als in der Zeit um den Neumond. Bedingt ist dies durch den verstärkten Saftstrom, durch das höhere Angebot an Licht und den damit verbundenen höheren Wassergehalt der Pflanze, sofern starke Fröste dies nicht verhindern. Somit kann man annehmen, dass ein Baum, der einige Tage vor bzw. nach dem Vollmond geerntet wurde, bedingt durch den höheren Wassergehalt, länger frisch bleibt als ein Baum, der zur Zeit des Neumondes geerntet wurde.

Faktoren für ein gutes Nadelhaltevermögen

Im Allgemeinen dürfen solche Regeln aber nicht überbewertet werden, da mit Sicherheit noch viele Faktoren, wie Lagerung, Luftfeuchtigkeit,

Temperatur, Wind, Baumart, Witterungsverlauf im Sommer und Herbst, Feuchtigkeit des Bodens, Schädlingsbefall etc., ausschlaggebend dafür sind, dass der Christbaum möglichst lange seine Nadeln behält oder eben nicht.

Zu den wichtigsten Faktoren im Zusammenhang mit dem „Nadelhaltevermögen" zählt, dass die Nadeln wesentlich besser halten, wenn die Bäume vor dem Schneiden **Frösten** von einigen Minusgraden ausgesetzt waren. Dieser Umstand bedeutet, dass die Bäume sicher in der Winterruhe sind, und damit auch mit ihrem Wasserhaushalt heruntergefahren sind. Sehr ausschlaggebend ist die richtige Auswahl der verwendeten Baumarten. Fest steht also, dass es den „Schnitt-Tag", bei dessen Anwendung keine Nadeln abfallen, nicht gibt. Wäre dies der Fall, so hätten wir Christbaumproduzenten eine große Sorge weniger.

Bedeutsam im Zusammenhang mit dem Nadelhaltevermögen ist außerdem die Verwendung eines **Christbaumständers**, der gewährleistet, dass der Baum in einem Wasserbett stehen kann. Hier haben wir ein bis zu 30 % besseres Nadelhaltevermögen erreicht bei zusätzlich besserem und frischerem Aussehen. Im Vergleich dazu liegen die Werte des besseren

Baum im dritten Winter nach dem Schneiden

Nadelhaltevermögens bei Bäumen, die in der angeblich „richtigen Mondphase" geschnitten werden, bei lediglich 2–3 %. Ausnahmen gibt es hier immer wieder bei *A. grandis* und *A. concolor*, die trotz des Wasserangebotes sehr schnell vertrocknen können, da sie anscheinend nicht so gut fähig sind, Wasser über den abgeschnittenen Stamm aufzunehmen wie viele andere Tannen.

Wichtig für das Nadelhaltevermögen sowie die Frische der Nadeln ist die **Luftfeuchtigkeit** im Wohnraum, in dem der Baum steht. Werte über 50 % Luftfeuchtigkeit im Raum haben wesentlich bessere Ergebnisse gebracht als trockene Räume, vor allem wenn die Luftfeuchtigkeit unter 40 % betrug.

Auch die Auswahl der **Tannenart** wirkt sich auf das Haltevermögen aus. Tannenarten, wie Nordmannstanne, Edeltanne, Korktanne oder Türkische Tanne, weisen, ganz im Gegensatz zu heimischen Baumarten, wie etwa Weißtanne oder besonders der Rotfichte, ein wesentlich besseres Nadelhaltevermögen auf. Diese Arten sind imstande, zwischen dem Holz und der Nadel eine Korkschicht aufzubauen, wodurch die Nadel nahezu ewig am Baum haften bleibt. Fast jeder Produzent hat schon einmal erlebt, dass irgendwo ein Baum jahrelang herumgelegen ist und seine Nadeln nicht verloren hat. Die Nadeln werden zwar grau, braun und spröde, der Baum wird leicht wie Papier, da er Wasser verliert, aber die Nadeln halten am Baum fest. Wenn diese Tannen also durch widrige Umstände nicht sehr bald nach dem Schneiden die Nadeln verlieren, werden sie auch sehr lange halten. Daraus resultieren auch Aussagen, dass der Baum am 23. Dezember geschnitten wurde, am 24. Dezember in den Wohnraum gekommen ist, und am 25. Dezember seine Nadeln verloren hat. Der Baum hatte durch die kurze Zeit zwischen dem Schneiden und dem Aufstellen im warmen Raum nicht die Gele-

Palettenverpackung von Bäumen

genheit, diese Verbindung zwischen Nadel und Holz aufzubauen. Sehr gefährlich ist immer das Verpacken der Bäume auf Paletten, vor allem bei etwas höheren Außentemperaturen, da hier die Bäume sehr dicht aneinander liegen und es zu erhöhten Temperaturen im Inneren der zusammengepressten Baumpartie kommen kann. Das fördert dann unweigerlich das Abnadeln des Baumes, sogar bei Tannenarten, die sonst kaum oder gar nicht nadeln. Bei Minustemperaturen im Außenbereich gibt es hier keinerlei Probleme.

Zusammenfassend sei gesagt, dass die Haltbarkeit der Nadeln enorm zunimmt, wenn die Temperaturen in der Nacht unter 0 °C fallen. Nicht die Mondphase, sondern der Frost und damit die Winterruhe sind neben der Baumart in erster Linie ausschlaggebend dafür, ob die Nadeln halten oder nicht. Sehr wichtig sind dabei auch die Art der Lagerung bis zum Fest sowie die Bedingungen, die der Baum schließlich im Wohnzimmer vorfindet.

Mein Appell an alle Produzenten und mein Vorschlag für Konsumenten, die weiterhin an den Mond glauben: Versichern Sie sich, dass der Baum mit Sicherheit ein für Sie zur richtigen Mondphase geschnittener Baum ist. Für die Produzenten gilt hier: Versehen Sie die Bäume, die zum richtigen Mondzeitpunkt geschnitten wurden, mit einer eigenen Mondetikette und behaupten Sie nie, alles wäre „mondgeschnitten". Für den Kunden: Gehen Sie am richtigen Tag zu Ihrem Christbaumbauern des Vertrauens und lassen Sie sich Ihren Baum an diesem Tag schneiden. Alles andere ist nur Hokuspokus.

Vorbereitung für den Markt

Der Baum wird also in der Christbaumkultur oder im Wald geschnitten und zu einem zentralen Platz am Betrieb oder im Hof gebracht, um dort entweder für den Weiter- oder für den Direktverkauf hergerichtet zu werden. Zunächst werden die **Bäume in Größen eingeteilt**. Zum Qualitätsbaum gehören neben einem angemessenen Preis-Größen-Verhältnis auch ein ansprechendes Erscheinungsbild und eine dementsprechende Vorbereitung des Baumes, die dem Verbraucher eine leichte Handhabung beim Aufstellen ermöglicht. Dazu wird die **Stammbasis** in einer Länge von ca. 20 cm **sauber geputzt** und eventuell mit einer Anspitz-Maschine **auf einen Durchmesser von maximal 50–80 mm gebracht**.

Nach dieser Vorbereitung kann man schließlich **Händler und Wiederverkäufer kontaktieren** und einen Termin zur Begutachtung vereinbaren. Die Vorstellungen der Wiederverkäufer unterscheiden sich meist in Punkten wie der gewünschten Größe oder der gewünschten Tannen- oder Fichtenart, der Menge und Ähnlichem mehr. Da wir es in unseren kleinen

Betriebsstrukturen im Laufe der Zeit meist mit denselben Kundschaften zu tun haben, kann man sich sehr gut auf den jeweilig gewünschten Bedarf einstellen. Ist dies nicht der Fall, tut man gut daran, sich vorher über die Vorstellungen des Einkäufers telefonisch genau zu informieren, unter Umständen mit ihm in die Kultur zu gehen oder nach Möglichkeit auch dem Kunden die Möglichkeit zu geben, seine Bäume in der Kultur selbst zu markieren.

Sehr wichtig ist es auch, den **Käufer über den Preis des Produktes zu informieren**. Gerade diesbezüglich gibt es noch starken Nachholbedarf, da die wenigsten Produzenten eine offizielle Preisliste führen und eher Kuhhandel betreiben und sich nicht in die Karten schauen lassen. Das ist allerdings eine Anschauung, die dem heutigen Stand der Wirtschaft nicht mehr gerecht wird. Es ist auch im Christbaumgeschäft für den Kunden wichtig, ganz klare Preisvorgaben zu bekommen. Das ermöglicht eine raschere und für alle Beteiligten zufriedenstellende Abwicklung des Verkaufes.

Die **Selbsternte** der Bäume erlangt sowohl beim Wiederverkäufer als auch beim Letztkunden immer größere Beliebtheit. Auch hier sollte man entsprechende Möglichkeiten schaffen. Wer über Flächen verfügt, auf denen eine Selbsternte möglich ist, sollte dies auch nutzen. Die Nachfrage dazu kommt vor allem von jungen Familien mit Kindern immer stärker. Sie wollen den Christbaumkauf zum Event für die ganze Familie machen, und dazu gehört auch, dass der Baum selbst geschnitten wird.

Maschinelles Anspitzen des Baumstumpfes

Verpackung

Zur leichteren und vor allem schonenderen Handhabung der Bäume ist es fast unumgänglich, die Bäume zumindest einmal zu verpacken, bevor sie auf den Markt gelangen. Der Baum wird durch das dünne Netz umhüllt, das alle Äste und Zweige gleichmäßig nach oben zum Stamm drückt und daher ein Verletzen des Baumes praktisch unmöglich macht. Das Verpacken erfolgt mithilfe einer sogenannten „Verpackungskanone" – wahrscheinlich die tollste Erfindung im Zusammenhang mit dem Christbaumverkauf, die einfach nicht mehr wegzudenken ist, hat man einmal damit gearbeitet. Auch die Käufer sind davon sehr angetan, da damit die buschigsten und breitesten Bäume in eine handliche Form gebracht werden können.

Man sieht mitunter auf den Christbaummärkten noch die verschiedensten Modelle, die zum Teil selbst gebaut wurden. Heute findet man aber schon recht preisgünstige, leicht gebaute, zerlegbare Kanonen am Markt, die in mehreren Größen genormt sind. Dazu werden die passenden Netze angeboten (25, 32, 45 cm).

Einige Betriebe verwenden heute vor allem für die Verpackung größerer Mengen von Bäumen für Wiederverkäufer Verpackungsmaschinen, die praktisch keiner körperlichen Anstrengung mehr bedürfen, da das Durchziehen der Bäume mechanisch erfolgt und in der Regel drei verschiedene Verpackungsgrößen zur Verfügung stehen.

Verpacken der Bäume mithilfe einer halbautomatischen Verpackungsmaschine

Pflegeanleitung (für den lebenden Christbaum)

Die Schnittgrünkultur

Alternative „lebender Christbaum“

Vor etwa zwei bis drei Jahrzehnten ist als ökologische Alternative, von Naturschützern intensiv unterstützt, der sogenannte „lebende Christbaum“ aufgetaucht. Den weniger mit der Land- und Forstwirtschaft vertrauten Menschen wurde empfohlen, nur mehr lebende Christbäume zu kaufen mit dem Ziel, sie später im Garten auszupflanzen oder am Balkon weiterzuziehen, um dem Waldfrevel ein Ende zu machen. Welcher Missbrauch damit allerdings getrieben wurde, ist unvorstellbar.

So haben Großkaufhäuser lebende Christbäume angeboten, die von vornherein keine Chance zum Überleben hatten, da sie zwar in Kübel gepflanzt waren, aber keinen wirklichen Erdballen besaßen. Ich nenne das heute die „grüne Lüge“, da ein Trend nur für Werbezwecke ausgenutzt wurde. Diese Aktionen schränkten die neue Vermarktungsmöglichkeit auch sehr bald wieder stark ein. Gelitten haben darunter vor allem Baumschulen, die sich bemüht hatten, wirklich gute Qualität auf den Markt zu bringen und bestrebt waren, die Kunden bestmöglich zu informieren, wie sie ihren Christbaum am Leben erhalten. In den letzten Jahren war es deshalb mitunter sehr schwer, auf den Christbaummärkten einen lebenden Christbaum zu bekommen.

Durch diese Entwicklungen sind die Verkaufszahlen an lebenden Christbäumen durch Direktverkauf in unserem Betrieb eher angestiegen, weshalb der **lebende Christbaum** für uns heute eine **willkommene Erweite-**

rung unseres Angebotes darstellt. Rund 10 % unserer Produktion gehen in diese Sparte. Viele Kunden haben erkannt, dass sie zur Baumschule oder zum erfahrenen Produzenten gehen müssen, um eine qualitativ hochwertige Ware zu bekommen. Es gilt bei lebenden Bäumen nämlich einige wichtige Punkte zu beachten. Wir haben diese für unsere Kunden in einem Informationsblatt zusammengestellt, das wir allen „Lebendchristbaumkäufern" mit ihrem Baum mitgeben.

Es sind allerdings **Mehrkosten** durch das Textilnetz und die Grabarbeit sowie durch die schwierigere Manipulation einzukalkulieren. Bei einem Mehraufwand von 15 bis 20 % ist jedoch auch eine Wertsteigerung von rund 40 bis 50 % pro Baum möglich, weshalb der lebende Christbaum eine durchaus lukrative Angelegenheit ist. Zusätzlich gibt es bei dieser Variante keinen Verlust durch übrigbleibende Ware, da diese

Ballenware ist schwerer zu manipulieren, bringt aber auch mehr Erlös.

Lebender Christbaum: Der Erdballen muss zur schonenden Manipulation in ein Textilnetz gebunden oder in einen Topf gegeben werden.

im Frühjahr in Baumschulen direkt als Solitärbäume für Vorgärten angeboten werden kann. All jenen, die den lebenden Christbaum in ihrem Programm hatten und ihn wieder daraus strichen, kann ich also nur anraten, nicht auf diese Alternative zu verzichten. Es müssen jedoch die beschriebenen Verkaufsbedingungegenen geschaffen werden. Sieht man, dass ein Baum tatsächlich keinen ausreichend großen und kompakten Ballen aufweist, ist es besser, ihn abzuschneiden und als geschnittenen Christbaum auf den Markt zu bringen.

Auf Seite 141 finden Sie als Beispiel die Pflegeanleitung für den lebenden Christbaum, die den Kunden in unserem Betrieb mitgegeben wird.

Nachdem es heute sehr schwierig ist jemanden zu finden, der Ballenware mit dem Spaten ausgräbt, ist eine Maschine dafür unumgänglich. Diese sind allerdings sehr kostspielig. Die Anschaffungskosten liegen bei 30.000 bis 40.000 € für Neugeräte. Daher ist hier eine Kalkulation, wie das finanzierbar ist, wohl notwendig. Meist rentiert sich die Anschaffung erst über mehrere Jahre. Eine Alternative könnte eine gebrauchte Maschine sein. Denn die meisten dieser Ballenstecher/Ballenschneider sind in Baumschulen im Einsatz. Diese Geräte sind meist mit einem Dieselmotor und Raupenantrieb ausgestattet und sehen aus wie Minibagger. Es gibt sie in unterschiedlichen Größen. Am weitesten verbreitet ist die Einzelmaschinenvariante (z. B. von HOLMAC), wobei es auch schon Anbaugeräte z. B. für Hoflader gibt. Der niederländische Hersteller Damcon bietet so ein Anbaugerät an. Der Damcon-Ballenstecher ist mit und ohne Unterschneidemesser erhältlich, hat auswechselbare Spaten von 20–40 cm und eignet sich zum Ausroden von Bäumen, Pflanzen und Sträuchern wie Buchsbaum, Eibe, Koniferen und kleinen Weihnachtsbäumen. Ballenschneider arbeiten hingegen mit einer schwenkbaren Klinge und schälen den Wurzelballen wie ein Eislöffel aus dem Boden.

Dieser Damcon-Ballenstecher wurde an einen Kompaktlader angebaut. Foto: DAMCON B.V.

Ballenschneider der italienischen Marke HOLMAC Foto: Hieble Technik

Für die Entnahme verwendet der Ballenschneider eine Klinge, die an der Vorderseite der Maschine montiert ist. Foto: Hieble Technik

Die Klinge ermöglicht einen präzisen Wurzelschnitt und das Anheben mit dem Wurzelballen. Foto: Hieble Technik

Pflegeanleitung (für den lebenden Christbaum)

1. Beim Kauf des Baumes ist darauf zu achten, dass er einen **genügend großen Wurzelballen** besitzt. Am besten ist es, den lebenden Christbaum nur in ein Ballentuch gebunden zu kaufen, da hier Mängel wesentlich besser erkennbar sind, als wenn der Baum schon im Topf eingepflanzt ist.
2. Die Größe des Ballens muss mit der Größe des Baumes übereinstimmen. Den **Ballen** in weiterer Folge möglichst **schonend behandeln**, damit er nicht zerfällt. Das Pflanzgefäß sollte etwas größer gewählt werden als der größte Durchmesser des Ballens. Es ist nicht sinnvoll, den Ballen in den Kübel zu zwängen oder ihn zu verkleinern, damit er in den Kübel hineinpasst.
3. Beim **Einsetzen** in den Kübel das **Ballentuch nicht entfernen**. Den Baum mit etwas Blumenerde oder Torf unterbetten, möglichst gerade in das Pflanzgefäß stellen, und anschließend das Gefäß mit Blumenerde oder Torf füllen. Die Erde gut festklopfen und leicht anfeuchten. Das verwendete Gefäß muss am Boden unbedingt ein Loch haben, damit das überflüssige Wasser abrinnen kann (Untertasse verwenden).
4. Den Behälter mit dem Baum zur Gewöhnung an das Raumklima und zum Auftauen des Ballens, sofern es Minusgrade hat, einige Tage in einen **leicht temperierten Raum** stellen (nur wenige Plusgrade).
5. Den Baum in den dafür vorgesehenen Wohnraum stellen, die Temperatur dort möglichst niedrig (18–20 °C) und die **Luftfeuchtigkeit ausreichend** hoch halten (40–50 %). Den Ballen mäßig feucht halten und, wenn möglich, den Baum manchmal mit Wasser besprühen.
6. Den Baum **nicht zu lange im Raum belassen** (max. 14 Tage – je kürzer, desto besser). Vom Wohnraum nicht direkt ins Freie, sondern in einen mäßig temperierten Raum stellen (Keller oder Garage, nicht unter 0 °C). Ballen in weiterer Folge nur wenig gießen. Steht der Baum so lange im warmen Raum, dass er „Frühlingsgefühle" bekommt, das heißt, die Knospen beginnen zu schwellen oder der Baum beginnt sogar zu treiben, so genügen wenige Minusgrade, und der Baum erfriert. In diesem Fall ist es besser, den Baum bis zu den frostfreien Perioden Mitte Mai in einem frostfreien Raum zu belassen.
7. **Nach dem Ende der Frostperioden** den Kübel **ins Freie stellen** bzw. den Baum auf dem gewünschten Platz im Garten einsetzen. Beim Versetzen des Baumes auf keinen Fall frischen Stallmist oder schlecht verrotteten Kompost beigeben, sondern am besten nur die reine ausgehobene Erde.
8. Den Baum so tief setzen, dass der **Erdballen einige Zentimeter unter die Erdoberfläche** kommt. Das Ballentuch vor dem Einpflanzen entfernen. Den Boden im Ballenbereich gut festtreten und den Baum einmal gut eingießen. Auf die Baumscheibe von April bis Ende Juni in zwei bis drei Gaben insgesamt 200–250 g chloridfreien Mehrnährstoffdünger im Bereich des Ballens aufbringen.

Beachten Sie bitte diese Punkte, dann steht einem guten Gelingen nichts mehr im Wege.

Ballenware im Textilnetz

Die Schnittgrünkultur

Eine weitere Alternative neben dem Christbaumverkauf (geschnitten oder lebend) ist das Anpflanzen einer Kultur zur Vermarktung von Schnittgrün. Noch **besser ist** allerdings **eine kombinierte Verwendung**, das heißt, dass nur Bäume, die sich als Christbaum nicht eignen, zur Gewinnung von Schmuckreisig herangezogen werden. Durch diese Varianten kann die Baumausbeute auf fast 100 % steigen und zusätzlichen Gewinn einbringen.

Reine Schnittgrünkulturen, wie wir sie in Dänemark oder Deutschland finden, gibt es in Österreich praktisch nicht, da hier doch noch relativ große Mengen an Weißtanne in Altholzbeständen vorkommen und dieses Reisig von den Gärtnereien sehr gerne verwendet wird. Das Reisig muss allerdings zum richtigen Zeitpunkt sowie, nach Möglichkeit, in kleinen Bündeln gebunden angeboten werden. Größere Mengen an Reisig werden vor Allerheiligen zum Anfertigen von Gestecken sowie Mitte bis Ende November zum Binden von Adventkränzen be-

Schöne Zweige für die Reisigproduktion

nötigt. Versäumt man diesen Zeitpunkt, um sein Reisig an den Mann zu bringen, wird man keine guten Preise mehr erzielen, da später durch die beginnenden Schnittarbeiten in den Christbaumkulturen jede Menge an schönem Reisig angeboten wird.

Durch exakte Kulturpflege und intensive Beschneidung der Kulturen fällt jedoch nur mehr sehr wenig Reisig aus den Christbaumkulturen an, das für den Umsatz fast nicht mehr ins Gewicht fällt. Will man also einen größeren Kundenstock regelmäßig mit Schnittgrün versorgen, so ist es gut, dafür extra einen Teil der Kultur stehen zu lassen, um größere Bäume für das Schnittgrün verwenden zu können.

Gesamtrechnung für eine Schnittgrünkultur aus Deutschland	
Deckungsbeitrag[1] (EUR/ha)	42.000,–
Deckungsbeitrag (EUR/ha/Jahr)	3.500,–
Fixkosten (EUR/ha/Jahr)	225,–
Roheinkommen[2] (EUR/ha/Jahr)	**3.250,–**

[1] Deckungsbeitrag = Marktleistung minus variable Kosten (Sach- und Fremdlohnaufwand)
[2] Roheinkommen = Deckungsbeitrag minus Fixkosten

Nach deutschen Kalkulationen ist das ein Spitzenwert, den keine Christbaumkultur zu erbringen imstande ist. So erreicht man nach weiteren Angaben aus Deutschland für eine reine Blaufichtenkultur ein Roheinkommen von umgerechnet 2.000,– Euro sowie für eine Nordmannstannenkultur ein Roheinkommen von 3.130,– Euro. Beide Werte liegen also mehr oder weniger weit unter den Erträgen aus einer Schnittgrünkultur.

Direktvermarktung

Abgabe an Wiederverkäufer

Werbestrategien

Vermarktung

Der Erfolg oder Misserfolg jeder Produktion, so auch der der Weihnachtsbäume, hängt zu einem Großteil von den Erfolgen bei der Vermarktung ab. Nur derjenige, der sehr viel Energie, ein hohes Maß an Ideenreichtum und auch einen nicht unbeträchtlichen finanziellen Aufwand für Verkauf und Werbung in seine Vermarktung einbringt, wird dabei gute Ergebnisse erzielen.

Die Konzepte zur späteren Vermarktung müssen bereits zur Zeit der Pflanzung erfolgen, um den Absatz der später anfallenden Ware sicherzustellen. Das heißt, es ist kaum möglich, von einem Jahr auf das andere eine Produktion von einigen Tausend Bäumen zu verkaufen, ohne frühzeitig entsprechende Kontakte zu knüpfen.

So stimmungsvoll kann Christbaumkaufen am Bauernhof sein.

Jedes gute Produkt wird mit einem Qualitätssiegel versehen – so auch der Christbaum.

Direktvermarktung

Wenn sich die Produktionsmengen, was in unseren Gebieten durch die gegebene Betriebsgrößenstruktur in der Regel der Fall sein wird, in Grenzen halten, so wird man sich in erster Linie auf die Direktvermarktung der Bäume ab Kultur oder ab Hof bzw. im Rahmen eines Marktstandes in einer nahegelegenen Stadt beschränken. Hier werden die höchsten Produktionspreise, wenn auch mit höchstem Zeitaufwand des Produzenten, erzielt.

Winterliche Weihnachtswaldeinkehr

Der Erfolg der Direktvermarktung hängt vom Standort des Verkaufsstandes bei einer Vermarktung in Städten, von der Lage des Betriebes bei einem „Ab-Hof-Verkauf" und vom Werbebudget und Ideenreichtum des Produzenten ab. So gibt es Christbaumproduzenten, die den Kundschaften anbieten, sich ihren Baum selbst in der Kultur auszusuchen, andere fahren ihre Kunden zum Aussuchen des Baumes sogar mit Pferdeschlitten oder Kutsche in den Wald und Ähnliches mehr. Der Fantasie jedes einzelnen sind hier keine Grenzen gesetzt. Jeder wird sich allerdings auch genau durchzurechnen haben, ob und unter welchen Voraussetzungen sich der Einsatz auch lohnt. Natürlich besteht auch die Möglichkeit, an mehreren Plätzen direkt zu vermarkten, jedoch sind hier die entsprechenden Mehrkosten für den Verkäufer bzw. die Verkaufshilfsmittel mit dem Mehrverdienst durch die zusätzliche Verkaufsstelle abzuwägen.

Vielfach tendiert heute der Verkauf in Richtung Kaufhäuser, und besonders Möbelgroßhäuser vermarkten hier große Mengen, auch importierter Ware. Lediglich auf gemeinsamer Basis (Gründung von Absatzgemeinschaften) wäre es möglich, Mengen, die die größeren Möbelhäuser benötigen, abzudecken, doch dazu bedarf es wieder einer Organisation, die diesen Markt koordiniert. Vor dem Preis und der Qualität der Ware allerdings braucht sich der heimische Produzent nicht zu fürchten. Hier kann der bäuerliche Produzent mit seiner Ware aus den Christbaumkulturen sicher problemlos mithalten. Wir haben inzwischen das Know-how und können vor allem hinsichtlich Qualität, Frische und Marktnähe punkten. Einige Bestrebungen in diese Richtung haben auch schon Früchte getragen. Einige große Baumärkte und Möbelhäuser sind bereits mit heimischer Ware bestückt.

Der ORF zu Besuch in der Weihnachtswaldeinkehr

Abgabe an den Wiederverkäufer

Wenn die produzierte Menge für einen Direktverkauf zu groß ist, müssen Möglichkeiten gefunden werden, das Produkt Weihnachtsbaum auch anderweitig zu vermarkten. Dies ist gegeben, indem an Wiederverkäufer abgegeben wird, die selbst keine Bäume oder für ihren Bedarf zu wenig Bäume produzieren. Natürlich müssen hier bei den **Produktionspreisen einige Abstriche** gemacht werden (30–40 %), aber dafür ist auch der **Arbeitsaufwand für den Verkauf wesentlich geringer** und gleichzeitig das Risiko eines Geschäftsverlustes durch einen möglichen Nichtverkauf an eine andere Person abgegeben. Außerdem sind diese Geschäfte meist abgeschlossen, bevor der eigentliche Christbaumverkauf beginnt.

Mit wesentlich geringeren Abstrichen (20–25 %) hat man zu rechnen, wenn man Bäume, fix und fertig für den Markt hergerichtet und mit Preisschildern versehen, z. B. an nahegelegene Kaufhäuser weitergibt und dort über das vorhandene Personal verkaufen lässt. Die Voraussetzung dafür sind natürlich vorangegangene Verhandlungen mit der Geschäftsführung und in der Regel hat man hier auch auf jedem Stand eine Verpackungskanone sowie die benötigte Menge an Verpackungsnetz zu stellen.

Großabnehmer, wie es sie in Dänemark oder Deutschland gibt, die wiederum an Wiederverkäufer weitervermitteln bzw. in den Export gehen, gibt es in Österreich noch kaum. In Deutschland und Dänemark kann man seine Bäume außerdem bei vorgeschriebenen Qualitätsmerkmalen zu vorgegebenen Preisen bei diversen Vermarktungsorganisationen an den Kunden bringen. Damit sind allerdings auch die niedrigsten Preise zu erzielen.

Werbestrategien

Welche Möglichkeiten gibt es nun, Werbung für sein Produkt Weihnachtsbaum zu machen? Rückt das Weihnachtsfest näher, so sind die Zeitungen voll mit Artikeln über den Christbaum und seine Vermarktung, und auch im Rundfunk und Fernsehen wird darüber berichtet. Besteht die Möglichkeit, einmal bei einem Interview gehört oder gesehen zu werden, ist das natürlich eine wirkungsvolle Werbung für den Betrieb, die auch sehr stark neue potenzielle Kundschaften anspricht.

Die **beste Werbung** allerdings ist die **Qualität der Bäume**. Wenn ein Kunde zufrieden war, wird er meist auch wiederkommen. Dies gilt besonders beim „Ab-Hof-Verkauf", der sehr wahrscheinlich noch mehr an Bedeutung gewinnen wird, vor allem dann, wenn man dem Kunden ein beeindruckendes vorweihnachtliches Einkaufserlebnis am Bauernhof bietet. Sehr viele Stadtbewohner, die die Bäume in Stadtnähe angeboten bekommen, fahren trotzdem zu „ihrem Bauern" hinaus, um sich dort einen Baum auszusuchen. Für viele ist das ein Einkaufserlebnis mit Atmosphäre, das sie nicht mehr missen möchten.

In den 90er-Jahren des vorigen Jahrhunderts haben sich viele Christbaumproduzenten der einzelnen Bundesländer in Österreich und Deutschland zu **Vereinen zusammengeschlossen** und Werbelinien und Werbematerial entworfen, um dem Markt ein möglichst einheitliches Bild zu geben, um den Produzenten die Möglichkeit zu geben, ihre Ware entsprechend zu etikettieren, so wie es in vielen Bereichen der

Vermarktung schon lange Gang und Gebe war, und vor allem, um stärker regional auftreten zu können. Leider wurde damals verabsäumt, die entstandenen Vereine auch überregional mit derselben Marke und demselben Etikett zusammenzufassen. Deshalb hat fast jedes Bundesland und jedes Anbaugebiet sein eigenes Logo, was wegen der Vielzahl verschiedener Werbelinien und Werbeaufmachungen wieder nicht das erwünschte Ziel bringt. Wünschenswert wäre gewesen, dass es zumindest für Österreich länderübergreifend ein einheitliches Etikett gegeben hätte, um wirklich stark auftreten zu können. Slogans wie „Der Baum aus der Heimat“ oder „Heimischer Christbaum“ oder „Ich bin ein heimischer Baum“ hätten dann noch einen viel höheren Stellenwert gehabt.

Trotzdem leisten diese Vereine gute Arbeit. Die Banderolen der einzelnen Vereine sind beispielsweise mit Kontrollnummern versehen, die sogar Rückschlüsse auf den Produktionsbetrieb zulassen, und garantieren die heimische Herkunft und beste Qualität. Unter dem Motto der Regionalität und der Frische versucht man hier für das heimische Produkt Christbaum zu werben.

Nicht mehr wegzudenken, und inzwischen sicher eine der wichtigsten Werbeflächen, ist die Präsentation des Betriebes im **Internet**. Der Einzelverkauf über Internet läuft zwar nur sehr zaghaft an, dennoch hätte sich vor 20 Jahren niemand vorstellen können, dass man über seinen PC oder über sein Handy einen fix und fertig aufgeputzten Christbaum bestellen und sich auch ins Haus liefern lassen kann. Viele Händler und Wiederverkäufer und mittlerweile auch viele Einzelkunden suchen sich inzwischen auf solchen Plattformen ihren Anbieter für den Christbaum. Wie nun jeder seine Werbung gestaltet und wie viel er dafür investiert, bleibt jedem Einzelnen überlassen, aber auch für den Christbaum wie für alle anderen Produkte, die verkauft werden wollen, gilt: „Wer nicht wirbt, der stirbt.“

Banderole der steirischen Christbaumbauern

Die Rodung

Nach der Nutzung einer Fläche als Christbaumkultur ist es meist notwendig, dieses Areal in eine landwirtschaftlich nutzbare Fläche umzuwandeln. Aber auch dann, wenn darauf wieder Christbäume gesetzt werden, ist es notwendig, die restlichen Bäume bzw. die Stöcke und Wurzelkörper zu entfernen oder zu zerkleinern und den Boden zu planieren.

Wird das Grundstück anschließend als Grünland genutzt, ist es nicht unbedingt notwendig, die Wurzelstöcke zu entfernen, sie müssen aber zumindest oberflächenplan abgeschnitten oder abgemulcht werden. Dafür gibt es verschiedene Möglichkeiten, die unterschiedlich arbeitsintensiv und unterschiedlich teuer sind. Fast jeder, der sich einmal damit beschäftigt hat, wird so seine Erfahrungen und Methoden dazu haben, vom händischen Ausgraben über hydraulische Zangen bis zu schweren Fräsen, die die verbliebenen Bäume bzw. Baumstümpfe fein fräsen und in den Boden einarbeiten.

Der neueste Trend geht in Richtung Spezialfräsen, die allerdings sehr teuer und meist nur über Gemeinschaften zu finanzieren sind. Es handelt sich hier einerseits um Mulcher zum oberflächlichen Einebnen der abgeräumten Kultur, deren Preis zwischen 10.000 und 20.000 Euro liegt, bzw. um Fräsen zur Vorbereitung von Pflanzstreifen mit einer Arbeitsbreite von 45 cm und einer Arbeitstiefe von 30 cm, die etwa 15.000 bis 20.000 Euro kosten. Mit diesem Gerät können allerdings auch die verbliebenen Stöcke problemlos fein zerkleinert werden, sodass die Fläche anschließend auch für den Ackerbau genutzt werden kann.Überbetrieblich gibt es in fast allen Gebieten große und starke Forstfräsen, die diese Arbeiten übernehmen. Besonders in der Forstwirtschaft, zur Rodung von Waldflächen, kommen Maschinen zum Einsatz, die sich für diesen Zweck sehr gut eignen.

Am besten informiert man sich über Maschinen für den Anbau und die Pflege von Christbaumkulturen bei diversen Christbaummessen in Österreich, Deutschland und Dänemark bzw. bei den einzelnen Vereinen.

Plant man, nach einer Christbaumkultur wieder Christbäume zu setzen, ist es günstig, nach dem Entfernen der Stöcke den Boden zu pflügen und eine Begrünung einzusäen. Eine Gründüngung nach dem Pflügen ist deshalb von Vorteil, da dadurch frische organische Masse in den Boden gelangt und dieser durch den dichten Bewuchs zusätzlich fein durchwurzelt wird. Eine fachgerechte Gründüngung kann dem Boden etwa so viel organische Substanz zuführen wie eine mittlere Stallmistgabe. Eine Nährstoffzufuhr ist allerdings nur bei der Verwendung von Leguminosen zu erreichen, die dem Boden 50 bis 120 kg/ha Stickstoff zuführen können.

Große Stockfräsen schaffen auch nicht geerntete Bäume mit einer Höhe von einigen Metern.

Zukunftsperspektiven

Da sich die Produktion von Christbäumen über einen Zeitraum von zehn Jahren erstreckt, ist es sehr schwierig, über die Rentabilität einer Kultur klare Aussagen zu tätigen. Tatsache ist allerdings, dass die Vermarktung von Christbäumen derzeit im Vergleich zu vielen anderen landwirtschaftlichen Nutzungsformen wesentlich höhere Deckungsbeiträge bringt und als durchaus lukrativ bezeichnet werden kann.

War die Christbaumproduktion noch vor einigen Jahren eine ausbaufähige Marktnische, so kann man heute sagen, dass Österreich in der Lage wäre, sich selbst zu versorgen. Es gibt allerdings noch einige Bundesländer, vor allem im Westen Österreichs, wo durchaus Platz für neue Produzenten wäre. Dasselbe gilt für den deutschen Markt. Auch bestünde durchaus die Möglichkeit, Exportchancen, z. B. nach Italien oder Slowenien, wahrzunehmen.

Doch werfen wir noch einmal einen Blick in das klassische Christbaumland Dänemark. Dänemark ist momentan in der Christbaumzucht auf einem Stand, der es ihm erlaubt, 15 Personen ganzjährig mit der Forschung rund um den Christbaum zu betrauen. Es ist nach wie vor das Anbauland Nummer 1 in Europa und exportiert nach einem Zwischentief Anfang dieses Jahrhunderts nach wie vor große Mengen auf österreichische und deutsche Märkte.

Zusätzlich wissen wir von einigen Ländern des ehemaligen Ostblocks, in denen große Flächen mit Christbäumen ausgepflanzt wurden. Das bedeutet, dass der Importdruck aus diesen Ländern auf uns zukommen wird, auch wenn die Produzenten im Ausland vielfach österreichische und deutsche Produzenten sind. Diese Importe werden wird zudem kaum registrieren, da die Bäume von inländischen Produzenten importiert werden und deshalb in den Importzahlen kaum aufscheinen. Aus unserer Sicht ist zu hoffen, dass viele der im Osten produzierten Bäume auch in den jeweiligen Produktionsländern verkauft werden.

Der Preis der Bäume am Markt ist in den letzten Jahren sehr stabil bzw. leicht steigend gewesen. In Zukunft wird er aber, bedingt durch die großen Mengen, die wieder zur Verfügung stehen, stagnieren. Die Fragen, die sich daraus ergeben, lauten: Wer wird in Zukunft auf den Märkten vertreten sein und zu welchen Preisen? Wie weit ist es für regionale Produzenten möglich, den heimischen Christbaum fest im Bewusstsein der Bevölkerung zu verankern? Nur wenn der heimische Christbaum weiterhin stark präsent ist, wird es möglich sein, einem steigenden Importdruck entgegenzuwirken. Viele Stimmen sprechen von den großen Märkten, die für uns im Osten bereitstehen, und das sind nicht nur Aussagen aus Österreich, sondern auch aus Deutschland und Dänemark. Der Markt wäre natürlich sehr groß, und wahrscheinlich auch der Bedarf, aber die Bäume müssen auch finanziert werden, und hier sehe ich große Probleme.

Ideenreichtum und unternehmerisches Geschick sowie vor allem gute Qualität werden es dem guten und geschickten Christbaumzüchter jedoch möglich machen, auch unter diesen erschwerten Bedingungen seine Bäume in Zukunft gut und gewinnbringend zu vermarkten. Die großen Vorteile, die wir als Christbaumproduzenten genießen, sind einerseits die hohen Niederschläge, die für die Kultivierung qualitativ hochstehender Bäume von Vorteil sind, sowie andererseits unsere großen Erfahrungen durch jahrelange intensive Schulungen über die Vereine.

Der persönliche Kontakt zu den Kunden macht die Christbaumproduktion in Direktvermarktung besonders erfüllend für alle Beteiligten. *Foto: Landwirtschaftskammer Kärnten*

Mir persönlich schwebt vor allem der Ausbau des Ab-Hof-Verkaufes vor, den wir am Betrieb so gestalten möchten, dass er für den Käufer zu einem beeindruckenden Erlebnis wird, welcher dieser bis zum nächsten Baumkauf in bester Erinnerung behält. Mit weihnachtlicher Atmosphäre, köstlichen warmen Getränken, einem Christbaumlehrpfad, einem Kinderprogramm, Zugfahrt, Kutschfahrt, einem Streichelzoo mit Schafen, Hasen, Ziegen, Pferden, Alpakas, mit Livemusik, einem Märchenerzähler und Ähnlichem mehr wollen wir nicht nur den Christbaumkunden selbst, sondern seine ganze Familie anziehen und ihr ein vorweihnachtliches Erlebnis der besonderen Art bieten. Machen Sie sich also nicht nur Gedanken darüber, wie am gewinnbringendsten zu produzieren und zu vermarkten ist, sondern überlegen Sie sich auch: „Wie kann ich meinem Kunden ein möglichst schönes und harmonisches Weihnachtserlebnis bieten, damit er den nächsten Weihnachtsbaum wieder bei mir kauft?"

Ökologischer Wert des Christbaumes

Christbaumkulturen haben neben dem kulturellen und wirtschaftlichen Nutzen auch positive Auswirkungen für die Umwelt. Doch was leistet ein Christbaum in zehn Jahren?

Auf einer Fläche von einem Hektar werden ungefähr 6.000 Christbäume gepflanzt. Mit Hilfe des Sonnenlichtes, des Kohlendioxids aus der Luft sowie von Wasser und Nährstoffen aus dem Boden erzeugt allein ein einziger Christbaum rund 60 kg Pflanzenmasse in zehn Jahren seines Lebens. Mit Stamm, Nadeln und Wurzeln ist der zwei Meter hohe Baum ungefähr 10 kg schwer.

In diesen zehn Jahren hat ein zwei Meter hoher Baum der Luft rund 15 kg oder 7.500 Liter Kohlendioxid entzogen. Dabei strömten 230 m³ Luft durch die Nadeln mitsamt den darin enthaltenen Bakterien, Pilzsporen, Staubteilchen und anderen Stoffen, die dabei größtenteils herausgefiltert werden. Gleichzeitig hat er die Luft angefeuchtet – rund 300 Liter Wasser entnimmt der Christbaum dem Boden je Kilogramm neu gebildeter Pflanzenmasse. Der Baum hat somit bis zum Umschneiden ungefähr 18 m³ Wasser verdampft, was dem durchschnittlichen Wasserverbrauch Ihrer Familie in der Adventzeit entspricht. Als „Abfallprodukt" hat der Christbaum in zehn Jahren etwa 8.000 Liter Sauerstoff freigesetzt. Das ist die Menge, die Sie verbrauchen, wenn Sie mit ihrem Auto 30 km zurücklegen.

Ich wünsche Ihnen viel Freude mit ihrem ökologisch wertvollen Christbaum!

Heimsiche Weihnachtsbäume sind durch die kurzen Transportwege immer die beste Wahl! *Foto: Landwirtschaftskammer Kärnten*

Gesetzliche Bestimmungen

Österreich

Die Größe der Flächen, die Verwendung finden, geht meist, im Gegensatz zu Plantagen in Dänemark, Ungarn usw., welche Größenordnungen von einigen Hundert Hektar erreichen, über einige Hektar nicht hinaus, weshalb in Österreich auch **noch keine gesetzliche Notwendigkeit** besteht, eine **Neupflanzung von Christbaumkulturen anzumelden**. Angegeben werden müssen nur die notwendigen Flächen für die allgemeinen Flächen- und Kulturerhebungen bzw. zur Erhebung des Einheitswertes von landwirtschaftlichen Betrieben. Christbaumflächen unterliegen diesbezüglich einer anderen Bewertung wie Wald- oder Wiesenflächen.

Gesetzliche Bestimmungen existieren lediglich **im Hinblick auf die Einhaltung der notwendigen Pflanz- bzw. Zaunentfernungen von Nachbargrundstücken**. Zudem wird geregelt, wie die Baumartenzusammensetzung auf Forstflächen auszusehen hat, da gewährleistet sein muss, dass genug bestandsbildende Bäume auf der Fläche stehen, was die Nordmannstanne nicht erfüllt. Gesetzliche Regelungen gibt es zusätzlich für den **Verkaufsbeginn auf öffentlichen Plätzen im Stadtbereich**, der vom jeweiligen Magistrat festgelegt wird. Dieser ist meist der 14. Dezember des Jahres. Auf allen privaten Plätzen, wie z. B. auch vor Möbelhäusern, ist es den Besitzern überlassen, wann sie damit beginnen. Meist werden dort die Bäume schon etwas früher angeboten; ein beliebter Tag für den Verkaufsauftakt vor Großkaufhäusern ist der 8. Dezember.

Deutschland

In Deutschland ist die **Gesetzgebung rund um den Christbaum Landessache**, das heißt, die einzelnen Länder haben die Möglichkeit oder Notwendigkeit, im Rahmen ihrer eigenen Gesetzgebung die Christbaumzucht näher zu reglementieren. Es gibt daher in jedem deutschen Bundesland andere rechtliche Voraussetzungen für die Christbaumproduktion. In erster Linie geht es in der deutschen Gesetzgebung diesbezüglich um die Verhinderung der Umgehung der Bewilligungspflicht für Erstaufforstungen und um den Erhalt des landschaftlichen Charakters. Das Anlegen von Weihnachtsbaumkulturen in der freien Feldflur gilt als Eingriff in Natur und Landschaft im Sinne des Bundesnaturschutzgesetz und ist daher genehmigungspflichtig. Ob eine Genehmigung erteilt wird, hängt maßgeblich vom konkreten Standort ab und sollte im Vorfeld mit der zuständigen unteren Naturschutzbehörde abgestimmt werden.

Soll die Anlage auf Flächen erfolgen, die direkt an Wald angrenzen, liegt die Zuständigkeit beim jeweiligen Forstamt.

In **Bayern** ist die Christbaumzucht, wie in Österreich, beispielsweise nur im Forstgesetz verankert, das die Anlage einer Christbaumkultur als Erstaufforstung ansieht.

1. Die Aufforstung nicht forstlich genutzter Grundstücke mit Waldbäumen durch Saat oder Pflanzung bedarf der Erlaubnis. Dies gilt auch für die Anlage von Kulturen zur Gewinnung von Christbäumen und Schmuckreisig.
2. Die Erlaubnis darf nur versagt oder durch Auflagen eingeschränkt werden, wenn die Aufforstung Plänen im Sinne des Art. 3 des Bayrischen Naturschutzgesetzes widerspricht, wenn wesentliche Belange der Landeskultur oder des Naturschutzes und der Landschaftspflege gefährdet werden, der Erholungswert der Landschaft beeinträchtigt wird, oder erhebliche Nachteile für die umliegenden Grundstücke zu erwarten sind.

In **Nordrhein-Westfalen** gelten Weihnachtsbaum- und Schmuckreisigkulturen unter bestimmten Bedingungen weiterhin als Wald im Sinne des Landesforstgesetzes Nordrhein-Westfalen, wenn ihre Fläche zwei Hektar nicht überschreitet und diese nicht in Nachbarschaft zu anderen als Weihnachtsbaum- und Schmuckreisigkulturen genutzten Waldflächen liegen. In diesem Fall ist keine Genehmigung erforderlich, sondern lediglich eine Anzeige beim zuständigen Regionalforstamt. Gleiches gilt für entsprechende Kulturen unter Stromleitungstrassen.

Überschreitet die Fläche jedoch zwei Hektar, wird sie rechtlich als andere Nutzungsart eingestuft und ist somit als Waldumwandlung genehmigungspflichtig. Dabei bezieht sich die Zwei-Hektar-Grenze auf den gesamten Waldbesitz einer Person in Nordrhein-Westfalen. Zusätzlich darf die Fläche nicht unmittelbar an weitere Sonderkulturen angrenzen.

Im Rahmen der ordnungsgemäßen Forstwirtschaft besteht außerdem die Möglichkeit, bei Wiederaufforstungen mit Tannenarten einen Teil der gepflanzten Bäume als Weihnachtsbäume (Vornutzung) zu nutzen. Voraussetzung ist dabei, dass das langfristige Ziel weiterhin die Entwicklung eines Waldes bleibt. Zudem müssen die sonstigen Kennzeichen einer ordnungsgemäßen Forstwirtschaft erfüllt bleiben, zum Beispiel der weitgehende Verzicht auf Pflanzenschutzmittel (Integrierter Pflanzenschutz), das Unterlassen nicht bodenschonender Bodenbearbeitungen und die Vermeidung großflächiger Kahlhiebe, die ohnehin bei einer Größe von mehr als zwei Hektar der gesonderten Genehmigung durch die Forstbehörde bedürften.

In **Baden-Württemberg** haben die Christbaumbauern insofern erhebliche Schwierigkeiten und werden oft mit ihren Ansuchen abgelehnt, da die Gemeinden mitbestimmend sind, und die Anlage oft als Eingriff in das Landschaftsbild sehen. Die Länder übernehmen dann meist die Aussagen der Gemeinden.

In **Schleswig-Holstein** ist lediglich innerhalb von Landschaftsschutzgebieten eine Genehmigung notwendig.

Weihnachtsbaum- und Schmuckreisigkulturen fallen in **Niedersachsen** nicht unter das Gesetz über den Wald und die Landschaftsordnung (NWaldLG), sofern sie außerhalb von Waldflächen angelegt werden – dies gilt auch für Flächen, die direkt an Wald angrenzen. In solchen Fällen ist der Anbau genehmigungsfrei. Werden entsprechende Kulturen jedoch innerhalb von Waldflächen angelegt, ist vorab eine Genehmigung zur Waldumwandlung bei der zuständigen Forstbehörde einzuholen, in Niedersachsen konkret bei den Unteren Waldbehörden der Landkreise. Unabhängig davon sollte die Zulässigkeit des Anbaus in Schutzgebieten (z. B. Landschafts- oder Wasserschutzgebiete) vor Beginn der Produktion individuell mit den zuständigen Behörden geklärt werden, da die Regelungen je nach Landkreis und spezifischer Schutzgebietsverordnung variieren können. Zur Vereinheitlichung der rechtlichen Einordnung und zur Schaffung von Rechtssicherheit ordnet die Landwirtschaftskammer Niedersachsen Weihnachtsbaumkulturen außerhalb des Waldes als landwirtschaftliche Sonderkultur dem Gartenbau zu, konkret der Sparte Baumschulen.

Die Anlage im Wald stellt keine Umwandlung dar und bedarf daher in **Hessen** keiner Genehmigung. Weihnachtsbaumkulturen im Wald sind nach § 2 des HWaldG Wald. Außerhalb von Wald auf landwirtschaftlichen Flächen gelten sie nach § 2 Abs 1 Nr. 2 HWaldG NICHT als Wald, sondern als landwirtschaftliche Nutzung. Die Anlage einer Weihnachtsbaumkultur auf landwirtschaftlichen Flächen bedarf daher keiner Umwandlungsgenehmigung. Eine landwirtschaftliche Nutzung wird nach § 5 i.V. m. § 14 BNatschG auch nicht als Eingriff in den Naturhaushalt bewertet und bedarf daher auch keiner naturschutzrechtlichen Genehmigung. Eine dauerhafte wilddichte Einzäunung der Weihnachtsbaumkultur auf landwirtschaftlichen Flächen könnte hingegen seitens der Naturschutzbehörden als genehmigungspflichtiger Eingriff interpretiert werden.

Ansprechpartner Österreich

ARGE Christbaum- und Schmuckreisigproduzenten
www.weihnachtsbaum.at

Waldverband Österreich
www.waldverband.at

Ansprechpartner Deutschland

Bundesverband der Weihnachtsbaum- und Schnittgrünerzeuger e.V. (BVWS)
https://bvwe.de/

Europäische Interessensvertretung

The Christmas Tree Grower Council of Europe
www.ctgce.com

Literatur

Bärtels, A. (Hrsg.) (1995): Der Baumschulbetrieb. 4. Aufl. Verlag Eugen Ulmer, Stuttgart.

Bärtels, A. (1996): Gehölzvermehrung. 4. Aufl. Verlag Eugen Ulmer, Stuttgart.

Bundesministerium für Land- und Forstwirtschaft (1996): Richtlinien für die sachgerechte Düngung. 4. Aufl.

Eiselt, M. G.; Schröder, R. (1976): Nadelgehölze. 4. Aufl. Neumann Verlag, Leipzig/Radebeul.

Hartmann, G.; Nienhaus, F.; Buttin, H. (1995): Farbatlas Waldschäden. Verlag Eugen Ulmer, Stuttgart.

Herzog, E. (1995): Österreichs Gehölze, Eigenverlag, Gmunden.

Hilkenbäumer, F. (1964): Obstbau. Verlag Paul Parey, Berlin.

Kaufmann, P. (1982): Brauchtum in Österreich. Paul Zsolnay Verlag, Wien/Hamburg.

Krüssmann, G. (1981): Die Baumschule. Verlag Paul Parey, Berlin/Hamburg.

Krüssmann, G. (1983): Handbuch der Nadelgehölze. 2. Aufl. Verlag Paul Parey, Berlin/Hamburg.

Matschke, J.; Wessels, H.-P. (1993): Triebanomalien bei Weihnachtsbaumkulturen. Baumschulpraxis, 32. Jahrg., S. 33–38.

Matschke, J.; Wessels, H.-O. (1993): Unsere Blaufichte – Ein Artbastard! Deutsche Baumschule, 45. Jahrg. S. 127–129.

Maurer, H.; Weihnachtsbäume, 3. Auflage, 2014, Verlag Ulmer.

Menzinger, W.; Sanftleben, H. (1980): Parasitäre Krankheiten und Schädlinge an Gehölzen. Verlag Paul Parey, Berlin/Hamburg.

Morgenthal, J. (1964): Die Nadelgehölze. 4. Aufl. Verlag G. Fischer, Stuttgart.

Roloff, A.; Bärtels, A. (1996): Gartenflora, Bd. 1: Gehölze. Verlag Eugen Ulmer, Stuttgart.

Perny, B.; Cech, T.; Donaubauer, E.; Tomiczek C. (1996): Krankheiten und Schädlinge in Christbaumkulturen. Forstliche Bundesversuchsanstalt, Wien.

Schmidt, P. A. (1993): „Unsere" Blaufichte – ein Artbastard? Deutsche Baumschule, 45. Jahrg., S. 449.

Schmidt-Vogt, H. (1987–1991): Die Fichte. 3 Bände, Hamburg/Berlin.

Schütt, P. (1994): Tannenarten Europas und Kleinasiens. ecomed Verlagsgesellschaft mbH, Landsberg a. L.

Schütt, P.; Schuck, H. J.; Stimm B. (1992): Lexikon der Forstbotanik. ecomed Verlagsgesellschaft mbH, Landsberg a. L.

Vetvicka, V. (1985): Bäume und Sträucher. Verlag Werner Dausien, Hanau.

Kostenkalkulation

Erstellen Sie mithilfe dieser Vorlage Ihre eigene Kalkulation! (siehe Seite 123)

Vorbereitung der Fläche		Euro/Hektar
Pflanzenkosten	_____ Stück à _____	
Nachbesserung	_____ Stück à _____	
Kosten für die Verpflanzung		
Kosten für die Zaunsäulen	_____ Stück à _____	
Kosten für den Zaun		
Aufstellen des Zaunes		
Wieseneinsaat		
Herbizidspritzung		
Sonstiges		
	Summe Anlagekosten	

Summe der Anlagekosten bis zum Ende des ersten Jahres	Euro/Hektar
➥ Anlagekosten (wie oben berechnet)	
Düngung	
Mulchen oder Mähen	
Zweite Herbizidbehandlung	
Summe der Kosten nach dem ersten Jahr	

Kosten bis zum Abräumen der Kultur	Euro/Hektar
➥ Summe der Kosten bis zum Ende des ersten Jahres (wie oben berechnet)	
Herbizideinsatz für die weiteren Jahre	
Mähen oder Mulchen für die weiteren Jahre	
Schädlingsbekämpfung für die weiteren Jahre	
Aufwand für den Schnitt	
Umschneiden und Abtransport	
Rodung der Kultur	
Summe der Kosten bis zum Abräumen der Kultur	

➥ GESAMTKOSTEN DER CHRISTBAUMKULTUR	

AUCH BÄUME MACHEN LIEBE
WIR KÜMMERN UNS UM DEN NACHWUCHS
FORSTGARTEN PICHLING
www.christbaum.at

Aus unserem Programm

ISBN 978-3-7020-2316-4

ISBN 978-3-7020-1592-3

ISBN 978-3-7020-0914-4

ISBN 978-3-7020-1723-1

Leopold Stocker Verlag

Graz – Stuttgart

www.stocker-verlag.com